技工院校“十四五”规划室内设计专业系列教材
中等职业技术学校“十四五”规划艺术设计专业系列教材

商业空间设计

汪志科 冯晶 邓子云 林挺 主编
蔡建华 林秀琼 副主编

华中科技大学出版社
http://www.hustp.com
中国·武汉

内容简介

本书的项目一讲解了商业空间设计基本概念和作用、特点和发展方向；项目二讲解了商业空间设计的要求和流程；项目三商业空间的照明设计；项目四和项目五分别讲述商业空间的受众视角和平面主流设计及品牌形象，项目六商业空间设计的策划与塑造；项目七为以传播为目的的商业空间设计。

图书在版编目（CIP）数据

商业空间设计 / 汪志科等主编．—武汉：华中科技大学出版社，2022.6

ISBN 978-7-5680-8248-8

Ⅰ．①商… Ⅱ．①汪… Ⅲ．①商业建筑－室内装饰设计 Ⅳ．① TU247

中国版本图书馆 CIP 数据核字 (2022) 第 102278 号

商业空间设计

Shangye Kongjian Sheji

汪志科　冯晶　邓子云　林挺　主编

策划编辑：金　紫

责任编辑：周怡露

装帧设计：金　金

责任监印：朱　玢

出版发行：华中科技大学出版社（中国·武汉）　电　话：（027）81321913

武汉市东湖新技术开发区华工科技园　邮　编：430223

录　排：天津清格印象文化传播有限公司

印　刷：湖北新华印务有限公司

开　本：889mm × 1194mm　1/16

印　张：10

字　数：306 千字

版　次：2022 年 6 月第 1 版第 1 次印刷

定　价：59.80 元

技工院校“十四五”规划室内设计专业系列教材
中等职业技术学校“十四五”规划艺术设计专业系列教材
编写委员会名单

编写委员会主任委员

编委会委员

总主编

文健，教授，高级工艺美术师，国家一级建筑装饰设计师。全国优秀教师，2008 年、2009 年和 2010 年连续三年获评广东省技术能手。2015 年被广东省人力资源和社会保障厅认定为首批广东省室内设计技能大师，2019 年被广东省教育厅认定为建筑装饰设计技能大师。中山大学客座教授，华南理工大学客座教授，广州大学建筑设计研究院室内设计研究中心客座教授。出版艺术设计类专业教材 120 种，拥有自主知识产权的专利技术 130 项。主持省级品牌专业建设、省级实训基地建设、省级教学团队建设 3 项。主持 100 余项室内设计项目的设计、预算和施工，内容涵盖高端住宅空间、办公空间、餐饮空间、酒店、娱乐会所、教育培训机构等，获得国家级和省级室内设计一等奖 5 项。

合作编写单位

（1）合作编写院校

广州市工贸技师学院
佛山市技师学院
广东省城市技师学院
广东省理工职业技术学校
台山市敬修职业技术学校
广州市轻工技师学院
广东省华立技师学院
广东花城工商高级技工学校
广东省技师学院
广州城建技工学校
广东岭南现代技师学院
广东省国防科技技师学院
广东省岭南工商第一技师学院
广东省台山市技工学校
茂名市交通高级技工学校
阳江技师学院
河源技师学院
惠州市技师学院
广东省交通运输技师学院
梅州市技师学院
中山市技师学院
肇庆市技师学院
江门市新会技师学院
东莞市技师学院
江门市技师学院
清远市技师学院
山东技师学院
广东省电子信息高级技工学校
东莞实验技工学校
广东省粤东技师学院
珠海市技师学院
广东省工商高级技工学校
广东江南理工高级技工学校
广东羊城技工学校
广州市从化区高级技工学校
广州造船厂技工学校
海南省技师学院
贵州省电子信息技师学院

（2）合作编写企业

广东省集美设计工程有限公司
广东省集美设计工程有限公司山田组
广州大学建筑设计研究院
中国建筑第二工程局有限公司广州分公司
中铁一局集团有限公司广州分公司
广东华坤建设集团有限公司
广东翔顺集团有限公司
广东建安居集团有限公司
广东省美术设计装修工程有限公司
深圳市卓艺装饰设计工程有限公司
深圳市深装总装饰工程工业有限公司
深圳市名雕装饰股份有限公司
深圳市洪涛装饰股份有限公司
广州华浔品味装饰工程有限公司
广州浩弘装饰工程有限公司
广州大辰装饰工程有限公司
广州市铂域建筑设计有限公司
佛山市室内设计协会
佛山市拓维室内设计有限公司
佛山市星艺装饰设计有限公司
佛山市三星装饰设计工程有限公司
广州瀚华建筑设计有限公司
广东岸芷汀兰装饰工程有限公司
广州翰思建筑装饰有限公司
广州市玉尔轩室内设计有限公司
武汉森南装饰有限公司
惊喜（广州）设计有限公司

序言

技工教育是中国职业技术教育的重要组成部分，主要承担培养高技能产业工人和技术工人的任务。随着“中国制造 2025”战略的逐步实施，建设一支高素质的技能人才队伍是实现规划目标的必备条件。如今，技工院校的办学水平和办学条件已经得到很大的改善，进一步提高技工院校的教育、教学水平，提升技工院校学生的职业技能和就业率，弘扬和培育工匠精神，打造技工教育的特色，已成为技工院校的共识。而技工院校高水平专业教材建设无疑是技工教育特色发展的重要抓手。

本套规划教材以国家职业标准为依据，以培养学生的综合职业能力为目标，以典型工作任务为载体，以学生为中心，根据典型工作任务和工作过程设计教材的项目和学习任务。同时，按照职业标准和学生自主学习的要求进行教材内容的设计，结合理论教学与实践教学，实现能力培养与工作岗位对接。

本套规划教材的特色在于，在编写体例上与技工院校倡导的“教学设计项目化、任务化，课程设计教、学、做一体化，工作任务典型化，知识和技能要求具体化”紧密结合，体现任务引领实践的课程设计思想，以典型工作任务和职业活动为主线设计教材结构，以职业能力培养为核心，将理论教学与技能操作相融合作为课程设计的抓手。本套规划教材在理论讲解环节做到简洁实用，深入浅出；在实践操作训练环节体现以学生为主体的特点，创设工作情境，强化教学互动，让实训的方式、方法和步骤清晰明确，可操作性强，并能激发学生的学习兴趣，促进学生主动学习。

为了打造一流品质，本套规划教材组织了全国 40 余所技工院校共 100 余名一线骨干教师和室内设计企业的设计师（工程师）参与编写。校企双方的编写团队紧密合作，取长补短，建言献策，让本套规划教材更加贴近专业岗位的技能需求和技工教育的教学实际，也让本套规划教材的质量得到了充分保证。衷心希望本套规划教材能够为我国技工教育的改革与发展贡献力量。

技工院校“十四五”规划室内设计专业系列教材
中等职业技术学校“十四五”规划艺术设计专业系列教材　总主编

教授 / 高级技师　文健

2020 年 6 月

前言

“商业空间设计”是室内设计专业的必修课程，也是一门室内设计专业知识综合交叉的课程。这门课程对于提高学生的室内设计专业技能和实践水平起着至关重要的作用。

本书以国家职业标准为依据，以综合职业能力培养为目标，以典型工作任务为载体，以学生为中心，根据室内设计师岗位典型工作任务和工作过程设计项目和学习任务。本书的编写做到了理论体系求真务实，编写体例实用有效，体现新技术、新工艺和新规范。同时，本书将岗位中的典型工作任务进行解析与提炼，注重关键技能和素养的培养和训练，并融入教学设计，应用于课堂理论教学和实践教学，达到以教材引领教学和指导教学的目的。本书也非常关注学生综合职业素养的培养，将职业素养的培养融入课堂的师生活动当中。

本书的编写编既有从事商业空间设计多年的一线室内设计师，又有从事商业空间设计教学经验丰富的教师。在内容设置上注重设计方法和设计能力的培养，强调思维的逻辑性和多元学科结合，有助于学生专业技能的提升和审美能力的提高。

本书的项目一的项目二由汪志科编写，项目三的学习任务一和学习任务三由广东省城市技师学院邓子云编写，项目四由山东技师学院蔡建华编写，项目五由广东省技师学院林挺编写，项目六和项目三的学习任务二和广东省技师学院林秀琼编写，项目七由阳江技师学院冯晶编写，在此表示衷心的感谢。

汪志科

2022 年 4 月

课时安排（建议课时 72）

项目	课程内容	课时	
项目一 商业空间设计概述	学习任务一 商业空间设计的基本概念和作用	4	8
	学习任务二 商业空间设计的特点和趋势	4	
项目二 商业空间设计的要求和流程	学习任务一 商业空间设计的要求	4	8
	学习任务二 商业空间设计的流程	4	
项目三 商业空间的照明设计	学习任务一 照明的基础知识	4	12
	学习任务二 商业空间的照明方式与布局形式	4	
	学习任务三 商业空间光环境设计	4	
项目四 商业空间的受众视角	学习任务一 商业空间的人性化设计	4	12
	学习任务二 商业空间设计中的人体工程学	4	
	学习任务三 商业空间设计中的环境心理学	4	
项目五 商业空间平面系统设计及品牌形象	学习任务一 企业品牌形象的空间塑造	4	12
	学习任务二 商业空间导视系统设计	4	
	学习任务三 商业空间平面版面的编排	4	
项目六 商业空间的策划与塑造	学习任务一 商业空间主题与意境	4	12
	学习任务二 商业业态与空间形态	4	
	学习任务三 商业空间的策划与塑造	4	
项目七 以传播为目的的商业空间设计	学习任务一 商业空间的外部设计	4	8
	学习任务二 商业空间的橱窗设计	4	

目录

项目一
商业空间设计概述

商业空间设计的基本概念和作用

教学目标

（1）专业能力：了解商业空间设计的基本概念和分类，掌握商业空间设计的范围。

（2）社会能力：培养学生严谨、创新的学习习惯，提升学生团队合作的能力。

（3）方法能力：具备逻辑思维能力和设计创新能力。

学习目标

（1）知识目标：了解商业空间设计的基本概念。

（2）技能目标：能理解商业空间设计的特点。

（3）素质目标：培养严谨、细致的学习习惯，提高个人审美能力，了解社会需求。

教学建议

1. 教师活动

教师通过分析和讲解商业空间设计的基本概念、分类，培养学生的设计认知能力。

2. 学生活动

认真领会和学习商业空间设计的基本概念和分类，能创新性地分析与思考商业空间设计案例。

一、学习问题导入

各位同学，大家好！今天我们一起来学习商业空间设计的基本概念和作用。在人类文明的发展历程中，商业活动起着至关重要的作用。随着商品经济的不断发展，商业活动在空间形式和表现效果上也不断推陈出新，对设计提出了相应的要求。商业空间设计是一门多学科综合的设计门类，它除了具有明确的功能要求之外，还需要为商业活动打造良好的环境，提高商业空间的美学效果，促进商业销售。

二、学习任务讲解

1. 商业空间设计的基本概念

商业空间是人类活动空间中复杂、多元的空间类别。广义的商业空间是指所有与商业活动有关的空间形态，如商业活动中所需的实现商品交换和商品流通的空间环境。商业活动分为商品销售和商业服务。商业服务场所有书店、酒店、餐厅等，如图 1-1 ~图 1-4 所示。狭义的商业空间是指从事商品销售的场所，即纯粹的商品买卖空间，如商场、购物中心、商铺等销售物品的空间，如图 1-5 所示。商业空间设计是指对具有商业用途的建筑空间及场所所进行的设计。

图 1-1 书店

图 1-2 酒店

图 1-3 餐厅 1

图 1-4 餐厅 2

图 1-5 商场

2. 商业空间设计的作用

优秀的商业空间设计可以激发消费者的消费欲望，让人们享受购物的乐趣。当人们深深陶醉于这种体验氛围时，销售业绩也会因此增长。商业空间设计最重要的目的是促进消费。商业空间设计借助灯光、色彩、材质等装饰提升商品的表现效果，利用对比、变异等设计手法形成视觉中心，达到吸引消费者视线、突出商品、激起消费者购物欲望的目的。

商业空间设计直接影响商品及商业服务的定位、品牌和价值的认定，是商家传播品牌价值和商业赋能的重要环节。同时，商业空间设计还可以传达新颖的消费理念，引导时尚文化与审美品位，提高人们的生活品质。如图 1-6 ~图 1-11 所示为一些优秀的商业空间设计案例。

图 1-6　服装店设计

图 1-7 苹果手机泰国店设计

图 1-8 苹果手机新加坡店设计

图 1-9 苹果手机杭州店设计

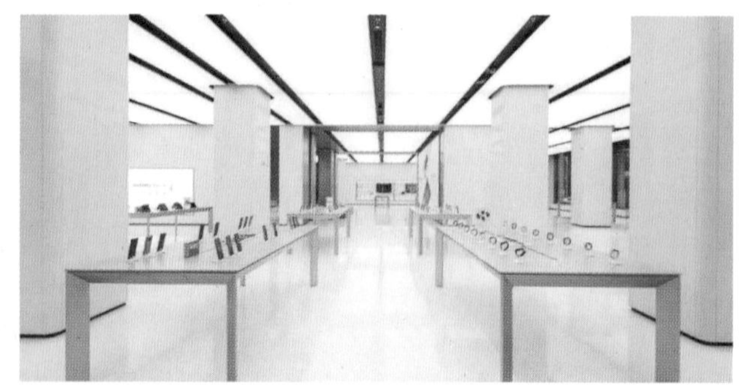

图 1-10 华为手机旗舰店设计

图 1-11 奢侈品店设计

三、学习任务小结

通过本次任务的学习，同学们初步了解了商业空间设计的基本概念和作用。本次任务通过对商业空间设计作用的分析与讲解，以及对商业空间设计案例的鉴赏，提升了同学们对商业空间设计的深层次认识。课后，大家要多收集相关商业空间设计案例，形成资料库，为今后从事商业空间设计积累素材。

四、课后作业

每位同学收集 5 套优秀的商业空间设计资料，形成资料库。

商业空间设计的特点和趋势

教学目标

（1）专业能力：了解商业空间设计的特点和趋势。

（2）社会能力：培养学生严谨、创新的学习习惯，提升学生团队合作的能力。

（3）方法能力：具备逻辑思维能力和设计创新能力。

学习目标

（1）知识目标：理解商业空间设计的特点和趋势。

（2）技能目标：能分析优秀的商业空间设计案例。

（3）素质目标：培养严谨、细致的学习习惯，提高个人审美能力。

教学建议

1. 教师活动

教师通过分析和讲解商业空间设计的特点，培养学生对商业空间设计的深层次认知。

2. 学生活动

学生认真领会和学习商业空间设计的特点，能创新性地分析商业空间设计案例。

一、学习问题导入

各位同学，大家好！今天我们一起来学习商业空间设计的特点和趋势。商业空间设计的特点包括综合性、体验性、传达新和时代性。商业空间设计的趋势是小而精、大而全。商业空间设计的根本目的是促进商品销售和提供优质商业服务，因而始终坚持以人文本的宗旨。

二、学习任务讲解

1. 商业空间设计的特点

（1）综合性。

商业空间设计是一门将经营主题、经营者、商品、消费者融入建筑室内空间，通过创新理念来巧妙组合造型、灯光、材质、色彩，以服务商业活动、提高空间品质、引导消费为目的的设计门类。商业空间设计涉及市场营销、消费心理分析、商业规划、空间美学设计等领域，综合性较强。为了提高商业空间设计的艺术效果，除了功能、风格、造型的设计外，设计师还要掌握人体工程学、色彩学、材料学的知识。如图 1-12 所示是体现商业空间综合性特点的商业综合体设计。

商业空间设计不仅要从环境方面提升空间品质和艺术效果，而且要加强心理体验的设计，让消费者产生美的体验。同时，设计者还要了解经营者的经营理念和消费者的购物心理。如图 1-13 ~图 1-16 所示是电动汽车消费和社区社交相结合，从心理上帮助消费者建立群体身份，营造商业空间文化，促进商品销售的案例。

图 1-12　商业综合体设计

图 1-13　电动汽车专卖店设计

图 1-14 电动汽车专卖店与休闲、社交空间相结合

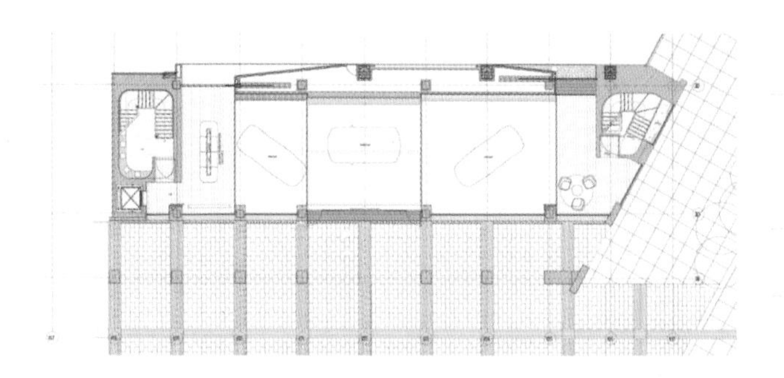

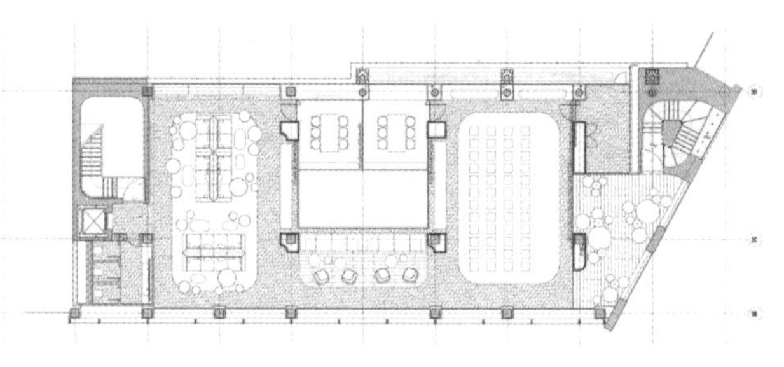

图 1-15 电动汽车专卖店一楼、三楼平面图

图 1-16 电动汽车专卖店外部设计

（2）体验性。

商业空间设计的首要目的就是引起消费者对商品的注意，并产生感官体验。商业空间设计是一种代入感极强的体验过程，目的是吸引消费者，传递商品信息，有效地调动消费者的购买欲望。商业空间设计始终要围绕消费者的需求展开，新的消费体验需求正驱动商业空间走向主题性、叠加性和场景化。体验式消费可以吸引消费者进入商业空间实体场所，全方位体验引人入胜的商业空间。如图 1-17 ～图 1-19 所示是涂料专卖店设计，如图 1-20 所示为瓷砖专卖店设计，二者均将材料展示与空间装饰效果融为一体。

图 1-17 涂料专卖店设计 1

图 1-18 涂料专卖店设计 2

图 1-19 涂料专卖店设计 3

图 1-20 瓷砖专卖店设计

体验型的商业空间设计不仅可以静态展示，还可以让消费者动态体验。随着时代的进步，VR（图 1-21）、全息投影（1-22）、3D 打印、LED 触屏投影、红外雷达感应等科技的运用，带给消费者多样化的体验和视觉感受，不断为商业空间设计赋能。

（3）传达性。

商业空间设计属于视觉传达设计，视觉传达设计从本质来说是“传”与“达”的设计。也就是说，设计是为了更好地传达。商业空间设计不仅仅是被动、静止的展台布置，而是作为商品营销活动的一部分，是一个信息传达与交流的综合媒介。商业空间设计既是物理环境的设计，也是心理环境、文化环境的设计，帮助消费者实现在商业空间环境中物质、能量、信息、情感的相互交流。商业空间设计通过提供最佳的信息传播方式来满足消费者的视觉感受和心理感受。

视觉是人类最重要的感知系统，通过商业空间的视觉传达可以让消费者感受到商品背后的企业精神、生产理念、服务标准等多方面的信息。商家不只是为了销售商品，还要通过销售商品来传播企业文化和理念。如图1-23和图1-24所示为苹果手机旗舰店和OPPO手机旗舰店设计，除了商品本身外，店面的形象也是企业精神的传达。

图1-21 VR技术

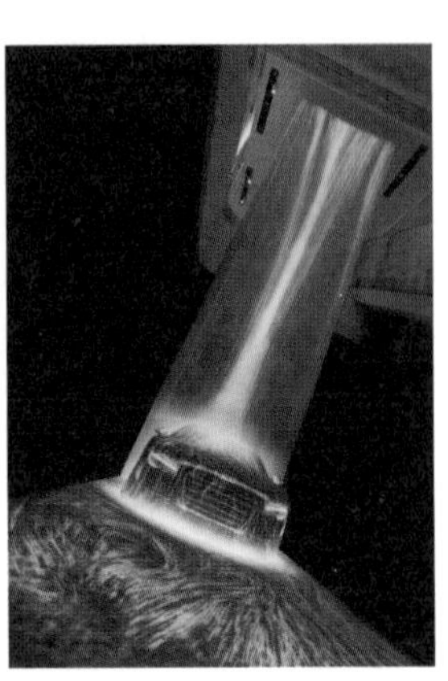

图1-22 奥迪汽车利用全息投影技术展示的数字瀑布

图1-23 苹果手机旗舰店设计

图1-24 OPPO手机旗舰店设计

（4）时代性。

当今时代，商业环境瞬息万变，商业模式不断变化。著名管理学大师彼得·德鲁克说：“当今企业之间的竞争，不是产品之间的竞争，而是商业模式之间的竞争。”有什么样的商业模式就有什么样的商业空间设计。消费者不断变化的消费习惯和生活方式才是商业空间设计的主线，因此，时代性是商业空间设计的典型特点。如图1-25所示为科技互动装置应用于商业空间设计的案例，图1-26中的时尚色彩植入是目前体现商业空间时代感的常用手段。另外，商业空间设计也随着人们审美观念的变化而变得更加简洁、纯粹，如图1-27和图1-28所示为现代的风格服装店设计。

图 1-25 科技互动装置

图 1-26 时尚色彩植入

图 1-27 现代简约风格服装店设计 1

图 1-28 现代简约风格服装店设计 2

随着生活节奏的逐步加快，人们的时间观念日益增强，传统的慢节奏购物方式让顾客只有通过售货员才能了解商品，这种方式已逐渐不能适应时代发展和顾客多元化的消费需求。由此导致自 20 世纪 60 年代以来营销方式向两个方向转变，即在极短时间内的快速购物和在较长时间内的娱乐购物。快速购物是指能让消费者以最短的时间、最快的速度买到所需商品的销售方式。如图 1-29 所示是快速向年轻人靠拢的奢侈品牌快闪店设计。除此之外，欧美各国兴起的自选商场，即现在的超市，以开架直销式系统，满足了人们快速、高效、便捷的消费需求。随着科学技术的不断发展，更为便捷的电视购物、手机购物等形式相继出现。线上购物和线下实体店体验相结合是商业空间设计的新方式。

图 1-29 奢侈品牌快闪店设计

2. 商业空间设计的趋势

商业空间设计的趋势如下。

（1）小而精。

精品店不只贩卖时尚单品，而是将新零售理念、艺术化装置、顺应流行趋势的店铺陈列等结合在一起。它打造的是一个年轻态、多样化的新空间形象，确切地说，是集商品、艺术与生活方式于一体的商品与生活的体验空间，如图 1-30 所示。

如果说大型购物中心是城市商业的主动脉，那么社区商业则像一根根毛细血管深入各个小单元。具体来看，社区商业是一种以社区范围内的居民为服务对象，以满足和促进居民日常综合消费为目标，小而精的属地型商业。如小而精的零售店、买手店，其存在于生活区的周围，以及商业街中独立的商铺中。

随着网购的普及，实体店经营面临着越来越大的压力，然而小而精的实体店却有独特优势。正是因为互联网购物的普及，实体店可以进行实地体验的优势更加突出，强调就在身边的实体体验。这些店面不断进行细节优化，更新产品，为顾客带来常逛常新的体验。

买手店以目标顾客独特的时尚观念和品位为基准，挑选不同品牌的时装、饰品、珠宝、皮包、鞋以及化妆品等商品放入店中。买手店自在欧洲诞生起，便与时尚、独特、个性化等含义联系在一起。这种店铺通常位于商场内，是一间独立的店中店，店里的每一件商品，都可看作独一无二风格的标签，而店铺本身有特别的原创设计，以体现其推崇的潮流。较之大而全的商场，买手店为顾客提供了既丰富又具个性的商业空间形式，被看作城市时尚气质的风向标。如图 1-31 和图 1-32 所示是社区买手店设计，这类设计突破了各种不同品牌的同一形象的专卖模式，更加突出群体个性，形成精心筛选的店主社区社交式购物关系。

（2）大而全。

Mall 全称 shopping mall，意为大型购物中心，属于一种复合型商业形态，特指规模巨大，集购物、休闲、娱乐、饮食等于一体，包括百货店、大卖场以及众多专业连锁零售店在内的超级商业中心。我国的商业体综合项目在近 20 年如雨后春笋般在各地迅速普及。通俗地讲，大型购物中心具有两个特征。一是大，即占地面积大、公用空间大、停车场大、建筑规模大。大型购物中心是由若干主力店、众多专卖店和商业走廊形成的封闭式商业集合体。从严格意义上讲，大于 10 万平方米且业态复合度高的商业集合体方可称作大型购物中心。二是多，即行业多、店铺多、功能多，集购物、餐饮、休闲、娱乐于一体。大型购物中心设计如图 1-33 和图 1-34 所示。

图 1-30 精品买手店设计

图 1-31 社区买手店设计 1

图 1-32 社区买手店设计 2

图 1-33 大型购物中心设计 1

图 1-34 大型购物中心设计 2

在商业化竞争日趋激烈的时代，城市中绝大部分的区域商业体已经是饱和甚至是过量状态，商业覆盖密度高。一方面，差异化定位、错位经营成为商家立足的法宝；另一方面，消费者对于定位准确、服务细致的主题型商家的需求也越来越强烈。从整个商业业态上来看，主题型的商业业态也逐渐为商家所接受和使用。有的以快时尚为主题，有的以时尚、休闲、消费为主题，各大购物中心都在“主题”的名义之下打造复合型的业态组合。

K11 商业体将艺术、人文、自然三大核心元素融合，促进艺术欣赏、人文体验、自然环保完美结合和互动，为大众带来前所未有的感官体验。K11 商业体长期展示典藏的本土年轻艺术家的杰作，更通过举办不同的艺术展览和演出，透过多种类型的多维空间，让大众在休闲、购物的同时，欣赏到不同的本地艺术作品和表演，以加强本地艺术家与市民的沟通及交流，提高市民的艺术欣赏水平，也让年轻艺术家获得更多创作灵感及发表作品的机会，有助于本地艺术家的成长。K11 商业体设计如图 1-35 ~图 1-38 所示。

图1-35 K11 主题商业体设计

图1-36 K11 商业体的都市农场

图1-37 K11 商业体内的科技装置

图1-38 K11 商业体大众艺术展

三、学习任务小结

通过本次任务的学习，同学们初步了解了商业空间设计的特点和趋势。教师通过对商业空间设计特点和趋势的分析与讲解，以及商业空间设计案例的鉴赏，提升了同学们对商业空间设计的深层次认识。课后，大家要多收集相关商业空间设计案例，形成资料库，为今后从事商业空间设计积累素材和经验。

四、课后作业

每位同学收集 30 张买手店设计资料，并制作成 PPT 进行展示。

项目二

商业空间设计的要求和流程

商业空间设计的要求

教学目标

（1）专业能力：了解商业空间设计的要求。

（2）社会能力：培养学生严谨、创新的学习习惯，提升学生观察社会生活细节的能力。

（3）方法能力：培养学生逻辑思维能力和设计创新能力。

学习目标

（1）知识目标：了解商业空间设计的基本要求。

（2）技能目标：能赏析优秀的商业空间设计案例。

（3）素质目标：培养严谨、细致的学习习惯，提高个人审美能力。

教学建议

1. 教师活动

教师通过分析和讲解商业空间设计的要求，培养学生的设计理解能力。

2. 学生活动

学生认真领会和学习商业空间设计的要求，能创新性地分析与鉴赏商业空间设计案例。

一、学习问题导入

各位同学，大家好！今天我们一起来学习商业空间设计的要求。在发展变化的商业空间设计中，设计应该遵循一定的设计要求。这些要求是对商业空间设计的高度概括和总结，对商业空间设计具有规范和导向性作用。

二、学习任务讲解

随着时代的发展，消费迭代和产业升级，商业空间设计逐渐呈现出人性化、科技化，多样化、主题化、艺术化，自然、可持续发展的趋势。这些趋势就是商业空间设计所需要遵循的要求。

1. 人性化、科技化

商业空间设计是一门与人们生活息息相关的专题空间设计。人性化设计是指在设计过程中，根据人们的行为习惯、生理结构、心理情况和思维方式等，对空间进行优化，让人们使用起来更加方便、舒适。人性化设计是对人们的心理、生理需求和精神追求的尊重和满足，是设计中的人文关怀，是对人性的尊重。商业活动作为人们日常生活中的一部分，其逐渐发展为集购物、休闲、娱乐于一体的生活享受。因此，商业空间设计必须注重人性化设计。人性化的商业空间设计如图 2-1 和图 2-2 所示。

在商业空间设计中，高科技不断涌现，巨型的数字屏幕、专属会员的游戏、移动支付等，让顾客获得沉浸式的体验。科技化的商业空间设计如图 2-3 ~图 2-5 所示。

图 2-1 商业空间中的咖啡吧

图 2-2 商业空间中的路演学习

图 2-3 科技感十足的手机专卖店

图 2-4 SKP 商业体的“现代农场”科技主题空间

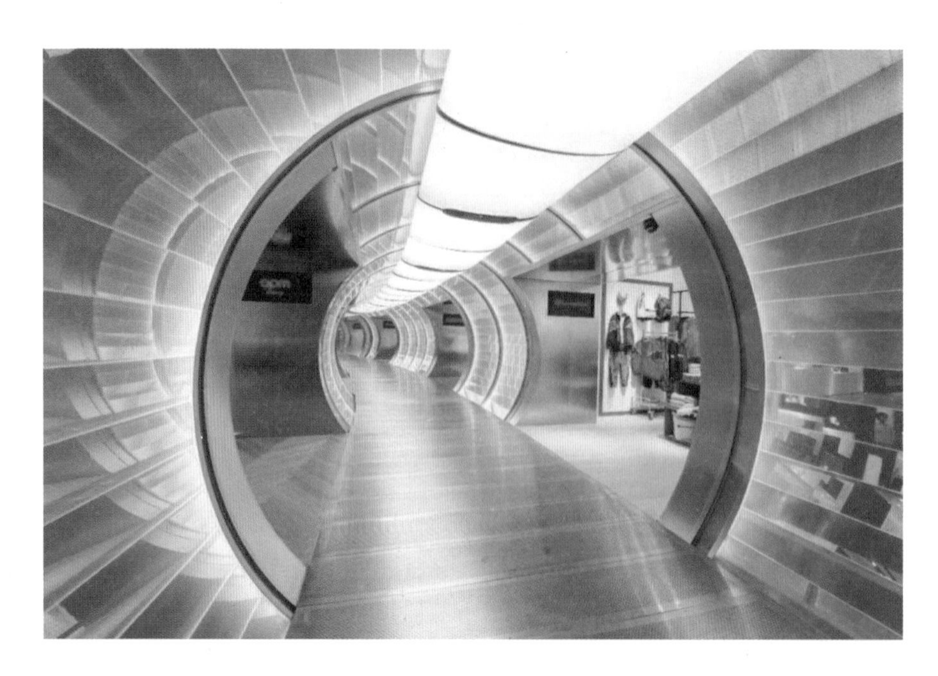

图 2-5 SKP 商业体商铺过道“时空隧道”设计

2. 多元化、主题化、艺术化

（1）多元化。

在商业空间设计领域，单一的商业空间设计模式正在被多元化的商业空间设计模式取代。多元化设计的真正价值是通过更好的呈现方式，给消费者创造新鲜感和代入感，从而帮助商业空间提高营业效益。多元化的商业空间设计如图 2-6 ~图 2-9 所示。

图 2-6 自由组合店在闭合状态下可以腾出活动空间

图 2-7 自由组合店在打开状态下可以展示商品 1

图 2-8 自由组合店在打开状态下可以展示商品 2

图 2-9 多样化店面设计

（2）主题化。

商业空间的主题分为具象型主题和抽象型主题两种。具象型主题通过还原某一有明确特征的实体空间来获得消费者的关注。这类场景讲究还原度和质感，营造沉浸式的感受，例如复古街区砖墙的自然磨损形态等。境外街区、复古场景、机场、花园等都是较为常见的表现形式。

抽象型主题如航空主题、海洋主题等，目的不是追求极致还原，而是通过与主题理念相关的设计元素来让人意会。例如海洋主题，不会真实还原海洋或者把水族馆搬进商场，而是通过波浪形墙面来模拟海浪，用圆形灯罩来模拟水泡，用多彩的柱面来象征珊瑚等。这些设计元素可以让消费者间接联想到相关的场景。不同主题的商业空间设计如图 2-10~ 图 2-12 所示。

图 2-10 海洋主题商业空间设计

图 2-11 篮球主题商业空间设计

图 2-12 叙利亚风格商业空间设计

（3）艺术化。

商业空间设计的艺术性是其吸引消费者的关键。艺术性包含对空间形态、界面造型、色彩、灯光、材质的综合设计，需要利用各种装饰手法和施工技术表现出商业空间的艺术美感，提升消费者的购物体验。如图 2-13 所示是在商业空间的公共区通过设置行为艺术家的场景蜡像来吸引顾客；如图 2-14 所示是在商业空间中摆放艺术雕塑，形成空间的视觉中心；如图 2-15 所示是将装置艺术品融入商业空间，增添商业空间的艺术氛围和情趣；如图 2-16 所示是将动态艺术装置机械手放入商业空间的核心区域，形成视觉焦点。

3. 自然、可持续发展

随着人们环境保护意识的不断增强，商业空间设计越来越强调自然、环保的设计理念，设计中常采用天然材质和纹理来装饰空间，并结合绿色植物营造出大自然的场景和氛围，让顾客流连忘返，如图 2-17 和图 2-18 所示。

商业空间设计的可持续发展是指商业空间设计要力求实现可回收、可反复利用、环保、低能耗的目标。节省能源是可持续设计的重要体现，例如电能的节省需要从照明、空调设置等方面考虑。如图 2-19 所示是在没有自然光的空间打开楼板做成采光天井，既解决了采光问题，又达到节约电能的目的。如图 2-20 ~ 图 2-22 所示是用天然材料设计的商业空间，材料取自自然，绿色、环保。如图 2-23 ~ 图 2-25 所示是木材在商业空间设计中的运用，木材可以再生，是一种环保、可持续的建筑装饰材料。如图 2-26 和图 2-27 所示是通过简约的设计避免过度装饰。

图 2-13 商业空间公共区行为艺术家场景蜡像展示

图 2-14 艺术雕塑放入商业空间

图 2-15 装置艺术品融入商业空间

图 2-16 动态艺术装置机械手放入商业空间

图 2-17 自然风格商业空间设计 1

图 2-18 自然风格商业空间设计 2

图 2-19 中央采光天井

图 2-20 运用天然材料设计的商业空间 1

图 2-21 运用天然材料设计的商业空间 2

图 2-22 运用天然材料设计的商业空间 3

图 2-23 木材在商业空间设计中的运用 1

图 2-24 木材在商业空间设计中的运用 2

图 2-25 木材在商业空间设计中的运用 3

图 2-26 简约的设计 1

图 2-27 简约的设计 2

三、学习任务小结

通过本次任务的学习，同学们初步了解了商业空间设计的要求。教师通过对商业空间设计要求的分析与讲解，以及相应的商业空间设计案例的分析与鉴赏，开拓了学生的设计视野，提升了学生对商业空间设计的深层次认识。课后，大家要多收集相关商业空间设计案例，形成资料库，为今后从事商业空间设计积累素材和经验。

四、课后作业

每位同学收集 30 幅绿色商业空间设计案例，并制作成 PPT 进行展示。

商业空间设计的流程

教学目标

（1）专业能力：了解商业空间设计的流程。

（2）社会能力：培养学生严谨、创新的学习习惯。

（3）方法能力：培养学生的逻辑思维能力和设计创新能力。

学习目标

（1）知识目标：了解商业空间设计的基本流程和方法。

（2）技能目标：能够按照商业空间设计的流程制作商业空间设计方案。

（3）素质目标：培养严谨、细致的学习习惯，提高个人审美能力，学会商业空间设计的基本流程。

教学建议

1. 教师活动

教师通过分析和讲解商业空间设计流程，培养学生的商业空间设计实践能力。

2. 学生活动

学生认真领会和学习商业空间设计的基本概念和流程，能创新性地分析、鉴赏商业空间设计案例，并可独自进行商业空间设计。

一、学习问题导入

各位同学，大家好！本次课我们一起来学习商业空间设计的流程，我们将通过理论知识的讲解，结合实际案例分析，总结和归纳出商业空间设计的流程。

二、学习任务讲解

商业空间设计的流程是指从商业空间设计的前期调研、分析，到设计概念确立，再到设计图纸绘制的全过程。当然，在施工落地过程中的持续跟进及优化材质等细节也是设计流程中很重要的一环。

商业空间设计从思维流程角度来看主要包括几个步骤，即采集信息、提炼关键词、组创。

1. 采集信息

（1）实际数据。

采集的信息包括商业空间周边环境情况，如交通、商业氛围、朝向等。另外，空间室内结构和设备情况也需要采集，如层高、结构形式、窗户位置、给排水管道布置、消防设施设置等。

（2）客户诉求和前期调研。

业主方的诉求是商业空间设计的重要资讯，倾听对方的需求，收集业主方的诉求对商业空间的使用要求非常重要。业主方对项目的感官体验往往是无形的、抽象的，比如我们经常听到“高大上”“调性”“品质”等词语。作为商业空间设计师，要用具象化的语言去解读业主方的诉求以免造成理解上的偏差。

在了解客户的诉求后，设计师还要对商业空间的商业环境（如消费者定位、品牌定位）进行调研。消费者是商业活动的第一推动力，消费者的需求变化指引着商业空间设计的变化和发展。调研消费群体心理特点、性格喜好有助于明晰设计的目的和任务。

2. 提炼关键词

通过对前期采集的信息进行整理、归纳和分析，提炼出商业空间设计的关键词，进而确定设计主题。关键词要简明扼要，体现设计主题和理念。如图2-28所示为关键词暗调子和轻奢营造的空间并通过设计语言来体现。

图2-28 珠海某酒店设计理念

3. 组创

（1）以品牌营销的思维来做商业空间设计。

商业空间设计首先要对品牌的历史、现状做前期调研分析，挖掘出品牌的文化，再进行创意设计。品牌调性、IP、设计元素的提取等都要围绕这个方向来做。例如某生态瓷砖店销售的是改善室内生态环境的功能性产品，由此联想到品牌故事，“一粒种子在土壤里萌芽，最后长成一棵参天大树”，此品牌故事作为空间设计的源泉和元素。如图 2-29 所示。这种与品牌产生强烈关联性的设计手法，情感上也容易产生共鸣的效果。

图 2-29 植入品牌故事的商业空间设计

（2）以空间场地特点进行定位和组创。

商业空间作为商业活动的载体，每一个场地都会有空间的独特性，设计时应当利用空间的形状、高度、光照、人流动向等进行差异化设计。如图 2-30 和图 2-31 所示是利用场地的高低变化进行空间区域的划分。

图 2-30 加长楼梯可以将人流引上二楼

图 2-31 加长楼梯可以告知观众二楼还可以观览

（3）以跨专业、跨领域的创新方式来做商业空间设计。

以讲故事的形式表达主题，在商业空间设计上做设计语言的转换。运用故事的创作手法，配合装置作品，制造出场景中的矛盾性和趣味性。如图 2-32 所示为运动鞋空间设计，利用最新的 3D 技术做空间造型。体验室的空间进行了壮观的全息投影展示，给人房间是一个无限空间的印象。

图 2-32 商业空间的趣味性

4. 商业空间设计的具体流程

（1）接受商业空间经营方的设计委托任务，并与商业空间经营方进行深入交流，签订商业空间设计合同。

（2）布置平面图，并进行概念设计。平面图需要现场实测后再绘制成规范的电脑平面布置图（图 2-33）。概念设计可以绘制设计构思草图，也可以收集设计意向图（图 2-34、图 2-35）。

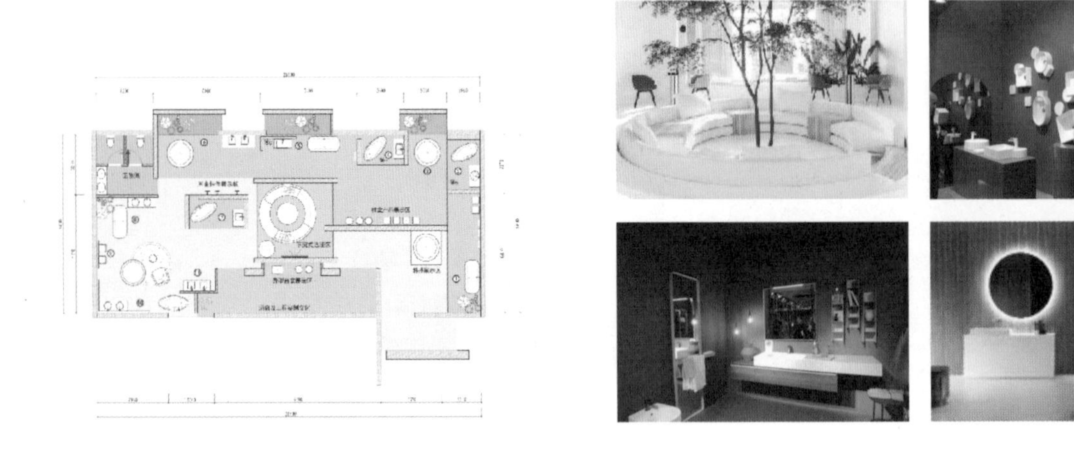

图 2-33 平面布置图

图 2-34 设计意向图 1

利用工业造型设计的肌理作为元素，放大成为空间造型。

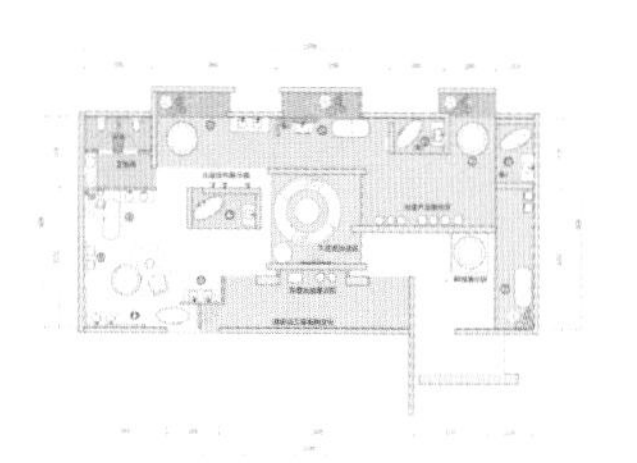

图 2-35 设计意向图 2

（3）制作电脑效果图。确定平面布置图、设计风格和基本的装修造价后，就可以制作电脑效果图。电脑效果图可以将室内空间装修后的效果真实地模拟出来，仿真性较强，在制作时通过建模、灯光设计、材质设计，以及后期处理，让室内空间更加直观、立体，如图 2-36 ~图 2-38 所示。

（4）绘制施工图。施工图是设计内容的标准、规范，也是施工实施的指导性文件。施工图包括平面图（图 2-39）、天花图、水电图、立面图（图 2-40）、剖面图、节点大样图（图 2-41）等。

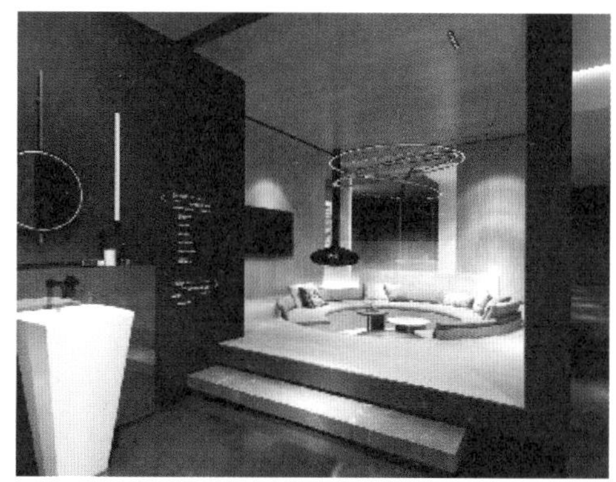

图 2-36 电脑效果图 1

图 2-37 电脑效果图 2

图 2-38 电脑效果图 3

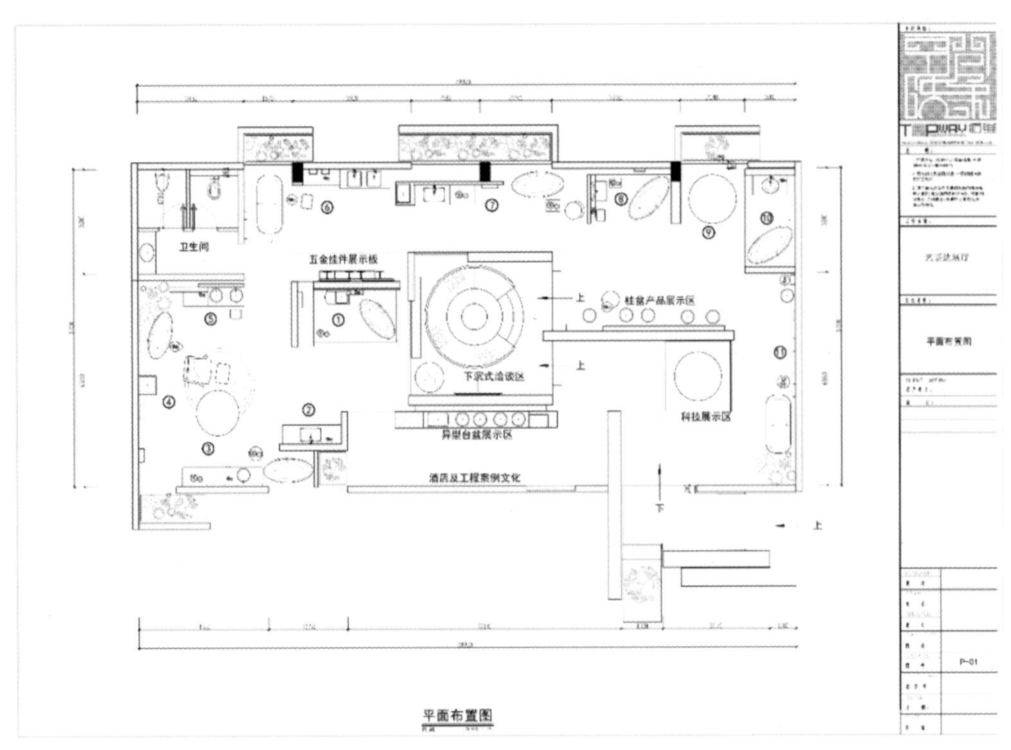

图 2-39 平面图

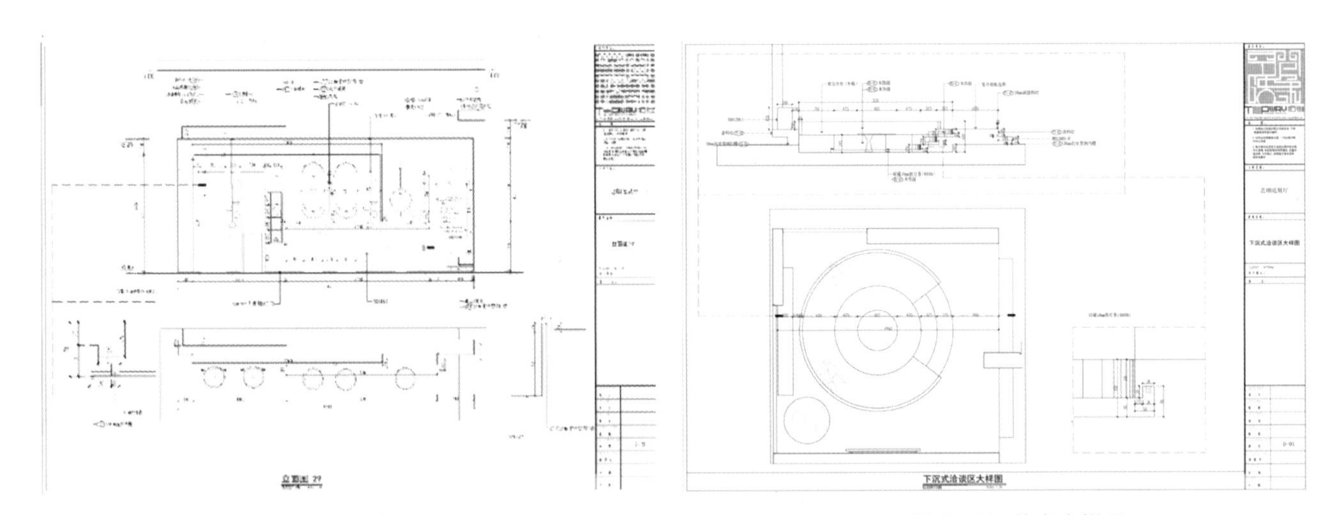

图 2-40 立面图

图 2-41 节点大样图

三、学习任务小结

通过本次任务的学习，同学们初步了解了商业空间设计的思维和制作流程。教师通过对商业空间设计流程的分析与讲解，开拓了学生的设计视野，提升了学生对商业空间设计的深层次认识。课后，大家要多收集相关商业空间设计案例，形成资料库，为今后从事商业空间设计积累素材和经验。

四、课后作业

每位同学收集 2 套优秀商业空间设计的资料。

项目三
商业空间的照明设计

学习任务一 照明的基础知识
学习任务二 商业空间的照明方式与布局形式
学习任务三 商业空间光环境设计

照明的基础知识

教学目标

（1）专业能力：了解商业空间照明设计的理念、作用和分类。

（2）社会能力：能敏锐辨析商业空间照明的类型，培养良好的观察能力。

（3）方法能力：具备设计思维的能力、归纳总结的能力。

学习目标

（1）知识目标：理解照明设计在商业空间中的重要性。

（2）技能目标：能根据商业空间照明设计的要求进行相关照明设计。

（3）素质目标：能够大胆、清晰地用语言表达创作设计的理念和想法，具备团队协作能力和创新能力。

教学建议

1. 教师活动

（1）教师课前收集相关商业空间照明设计案例，并运用多媒体课件放映，同时采用理论讲授与图片展示相结合的教学方法分析与讲解知识点。

（2）遵循以学生为主、以教师为辅的教学原则，教师提出问题，播放相关教学视频来引导学生自主思考问题，并回答问题，提高学生学习商业空间照明设计的积极性。

2. 学生活动

（1）学生在老师讲解过程中学会归纳重点，利用发散思维去思考问题，积极地用语言表达出来；结合商业空间照明设计知识去联想案例，更好地理解并应用。

（2）构建商业空间照明设计自主学习模式，学以致用，发现问题并解决问题。

一、学习问题导入

同学们，今天我们一起来学习商业空间照明设计的知识。观察如图 3-1 和图 3-2 所示的两组图片，表述这两组图片给人的视觉感受和心理感受。其中图 3-1 是灯光比较单一的甜品店，图 3-2 是灯光比较丰富且有设计感的甜品店。通过两组图片的对比，我们发现同类型的商业空间里，经过设计的灯光照明让空间更吸引人们，空间更显层次感，明暗有序，具有艺术氛围。反之，灯光照明单一的空间显得较为平淡，缺少商业个性和吸引力。由此可见，照明设计在商业空间中非常重要。

图 3-1 单一灯光照明

图 3-2 多种灯光照明

二、学习任务讲解

1. 商业空间照明设计的理念

在商业空间设计中，单凭实体空间的界面呈现，并不足以带给人们细腻而丰富的空间体验，照明设计恰恰能够帮助实体空间形成更丰富的层次，光环境的塑造也是创造和完善空间主题的重要途径。对于商业空间设计而言，照明设计会直接影响商业空间设计的效果，会对人的购物心理和情感起到积极或消极的作用，因此对采光和照明应予以充分的重视。除了营造氛围和表现空间品质，照明设计还要承担引导消费的实际任务。

商业空间照明设计不仅要对所有空间和商品进行普遍照明，还要对重点展示区域进行重点照明。灯光的设计要考虑消费者的参观路线和如何引导消费者进入商场，并为其后的购买行为提供合理的照度，使购物场所形成明暗有序、主次分明的空间序列，提高顾客对商品的认知度和购买欲望，如图 3-3 所示。

图 3-3 “森林”名牌服装店

商业空间的照明设计除了需要考虑功能性，更需要突出艺术性的表达，以此来强化环境特色，塑造展示主体的形象，从而达到吸引消费者、树立品牌形象的目的。

2. 商业空间照明设计的作用

照明在商业空间环境中必不可少，它不仅可以创造出多彩的商业空间效果，还可以显示出商业空间的特点。商业空间照明设计的目的在于借助光的性质和特点，满足空间和商品所需的照明需求，并有意识地创造环境气氛和意境，使环境更符合人们的心理和生理需求，如图 3-4 所示。

图 3-4 “老厂房”751 时尚买手店

优秀的商业空间照明设计具有以下作用。

（1）可以增强商业空间的层次感，营造良好的购物气氛。

（2）可以引起消费者对商品的关注，引领消费者完成购物流程。

（3）可以增强商业空间的魅力，提升品牌形象，并传达出特定的气氛或强化购物主题。

3. 商业空间照明的分类

商业空间照明一般可分为自然采光和人工采光两类。

（1）自然采光。

自然采光是以太阳作为光源的采光形式。利用自然采光结合空间结构造型可以创造出光影交织、似透非透、虚实对比的效果，但是自然光因其光色较为固定，无法满足商业环境照明的高照度要求。另外，自然光线的移动变化常影响物体的视觉效果，难以维持稳定的光照效果。因此，商业空间一般很少以自然采光为主要照明。自然采光设计如图 3-5 和图 3-6 所示。

图 3-5 侧面自然采光设计

图 3-6 顶面自然采光设计

自然采光具有以下特点。

①变化性。

由于不同时间段的太阳高度不同，太阳光穿过大气层的路程远近不一样，以及不同的天气条件下大气层中尘埃微粒不一样，自然光的亮度和颜色会发生变化。例如晴天时，天空看起来是蔚蓝色的；阴天时，天空呈现灰色；黎明的光线变化过程与傍晚刚好相反；夜间亮度很低时，深蓝色天空中能看到点点星光。自然光不但会随时间的不同发生改变，而且对于季节的变迁及地理位置的差异也有着奇妙的变化。如图 3-7 所示，生活在温带的人们，能够感受到季节变化所带来的不同的光线感受，春光明媚，盛夏灼热，深秋舒爽，冬日萧瑟。通常情况下自然光没有形态，但在某些特殊条件下，自然光会表现出被视觉认知的具体形态。例如，雷雨天的闪电具有线性特征，水面上粼粼波光具有点状特征，地平线上的太阳具有面的特征，穿越雨林的光束具有体状特征，彩虹具有弓形特征。多变的自然光给人们带来了丰富的视觉体验，具有独特的艺术效果。

图 3-7 日光照射角度变化

②显色性。

自然光具有最佳的色彩还原性，其包括了垂直于光波传播方向的所有可能的振动方向，所以不显示出偏振性。如图 3-8 所示，自然光的光谱分布最为完整，因此色彩还原性最佳。正午阳光的光谱能量分布十分均匀，从光谱能量分布图上看，除紫色光的数量稍微少一些外，整幅图呈现一条平滑的曲线。自然光一直都被认为是最理想的、不显示任何颜色倾向的白色光。从情感的角度来说，电灯发明至今历史并不长，在此之前，人类的发展和进化长期在自然光状态下进行，因此，我们本能地相信自然光下所看到的物体颜色就是物体本来的颜色，尽管自然光的色调一年四季、从早到晚都在变化。

图 3-8 日光反射到入口处的界面颜色

（2）人工照明。

①人工照明设计。

人工照明是利用各种发光灯具，根据人的需要来调节、安排和实现预期的照明效果的照明方式。它具有恒定性的特点，可处理各种不同强度的光照效果。商业空间照明设计的目的一是满足观众看商品的照度要求，既要符合视觉舒适性，又要保证商品的展出效果；二是运用照明的手段，渲染气氛，创造特定的艺术氛围。人工照明设计案例如图 3-9 所示。

商业空间多使用人工照明。人工照明可以根据商品展示和环境气氛的需要进行照明设定，可控性强。将自然采光和人工照明以及各种照明方式有效地结合起来，可以构筑商业空间较为理想的照明效果，如图 3-10 ~ 图 3-13 所示。

图 3-9 乌克兰香水专卖店人工照明设计

图 3-10 电梯照明

图 3-11 走道照明

图 3-12 橱窗照明

图 3-13 店铺照明

②人工照明设计的基本原则。

第一，商品展示区的照度要充分，需要比顾客所在区域的照度高，形成对比，突出展示区域的重点内容。

第二，光源不裸露，灯具的保护角度合适，以免出现眩光。

第三，根据不同商品的特性，选择不同的光源、光色和型号，避免影响商品原有色。

第四，选择不含紫外线的光源，防止照明灯具爆裂导致商品损坏。

第五，商业照明布线要严格按规范安全布置，分层次设计，注意防火。

三、学习任务小结

通过本次任务的学习，同学们已经初步了解了商业空间照明设计的理念及其作用，也掌握了商业空间照明设计的分类及其特点。通过对商业空间照明设计案例的学习，同学们充分认识到商业空间照明设计的重要性和必要性，不仅收获了知识，同时也开拓了设计视野，提升了对商业空间设计的深层次认识。课后，同学们要归纳、总结所学知识，收集相关的设计案例来巩固知识。

四、课后作业

每位同学收集 20 幅运用自然采光和人工照明的商业空间设计案例，并对案例的照明设计进行简要分析说明，以 PPT 方式进行展示。

商业空间的照明方式与布局形式

教学目标

（1）专业能力：了解商业空间的照明方式和照明布局形式。

（2）社会能力：培养良好的观察能力和照明设计感知能力。

（3）方法能力：培养素材整理、归纳能力，案例设计分析、提炼能力。

学习目标

（1）知识目标：掌握商业空间的照明方式及其特征，了解商业空间的照明布局形式。

（2）技能目标：能根据商业空间的实际情况选择照明方式并进行合理的布局。

（3）素质目标：提高自主学习能力，具备流畅的语言表达能力。

教学建议

1. 教师活动

（1）教师对商业空间的照明方式进行分析与讲解，引导学生学习和实训，激发学生学习知识的自主能动性。

（2）以学生为中心，采用分组讨论法、现场讲演法对商业空间的照明方式进行分析与讲解，有效促进学生之间的交流沟通，在烘托学习气氛的同时，使学生相互取长补短。

2. 学生活动

（1）学生通过教师的讲解和分析了解商业空间的照明方式和照明布局形式。

（2）培养团队协作能力，有意识地培养团队合作精神，为今后从事商业空间照明设计工作奠定扎实的综合职业能力基础。

一、学习问题导入

同学们，今天我们一起来学习商业空间的照明方式与布局形式。观察图 3-14 和图 3-15 所示的灯光设计效果，找出两张图片分别使用了哪些灯光。

通过观察分析，我们会发现两张图片所产生的灯光照明效果各有特点，呈现的空间氛围也不一样。由此可见，不同灯具所产生的光照度不同，空间光环境的气氛也有所不同。当然，这跟照明方式和照明布局形式有关联，与商业空间的场地性质也有着密不可分的关系。

图 3-14 腾飞 · 洪河富贵销售中心

图 3-15 法国朗姆酒吧

二、学习任务讲解

1. 商业空间的照明方式

以光照射在物体表面的光通量进行划分，照明方式可以分为以下几类。

（1）直接照明。

直接照明是光线通过灯具直接照射在物体上的照明方式，其中 90% ～ 100% 的光通量到达工作面上。这种照明方式具有强烈的明暗对比效果，能造成生动有趣的光影效果，可以突出工作面在整个商业空间中的主导地位，如图 3-16 和图 3-17 所示。

图 3-16 服装展示区的直接照明

图 3-17 书店的直接照明

（2）半直接照明。

半直接照明是将半透明材料制成的灯罩罩住光源上部，使 60% ~ 90% 的光线集中射向工作面，10% ~ 40% 的光线又经过半透明灯罩散射而向上漫射的照明方式。其光线比较柔和，常用于层高较低的空间，可以使空间高度看上去有所增加。半直接照明除了保证工作面照度外，非工作面也能得到适当的光照，使室内空间光线柔和、温馨，明暗对比较弱，营造出轻松、优雅的室内环境气氛，如图 3-18 所示。

（3）间接照明。

间接照明是将光源遮蔽而产生间接光的照明方式。其 90% ~ 100% 的光线通过天棚或墙面反射作用于工作面，10% 以下的光线则直接照射工作面。间接照明通常有两种处理方法：一种是将不透明的灯罩装在灯泡的下方，光线射向其他物体上反射形成间接光线；另一种是把灯具安装在灯槽内，再反射成间接光线。这种照明方式通常和其他照明方式配合使用才能取得特殊的艺术效果，单独使用时，需避免不透明灯罩下方的浓重阴影，如图 3-19 所示。

图 3-18 半直接照明

图 3-19 间接照明

（4）半间接照明。

半间接照明是将 10% ~ 40% 的光线向下照射的照明方式。其向下照射的光线往往用来产生与天棚相称的亮度，其主要作为环境装饰照明。由于大部分光线投向顶棚和上方墙面，使天花非常明亮，没有明显的阴影，光线更为柔和、舒适，但在反射过程中，光通量损失较大。这种照明方式没有强烈的明暗对比，光线稳定柔和，能产生较强的空间感。

（5）漫射照明。

漫射照明是利用灯具的折射功能来控制眩光，将光线向四周扩散漫射的照明方式。这种照明大体上有两种形式：一种是光线从灯罩口射出，再经过天花顶反射，两侧从半透明灯罩扩散；另一种是用半透明灯罩将光线全部封闭而产生漫射。这类照明灯具向上和向下的光通量几乎相同，各占 50%，光的利用率较低，光线柔和，视觉感舒适，没有眩光。采用漫射照明的方式可以让整个空间得到相对均匀的照度，并烘托整体空间氛围，如图 3-20 所示。

在实际的商业空间照明设计中，通常采用多样的照明形式搭配组合，可以创造出光影丰富多彩的空间效果，给观者留下深刻的印象，如图 3-21 所示。

2. 商业空间的照明布局形式

（1）基础照明。

基础照明是指对整个商业空间提供基本的平均照明，也称一般照明或普通照明。基础照明通常采用漫反射照明或间接照明。它的特点是没有明显的阴影，光线较均匀，空间明亮，易于保持商业空间的整体性。基础照明的照度不高，以便突出商品展示区域。大型商场常使用这样的照明布局形式，营造整体空间明亮、舒适的效果，如图 3-22 所示。

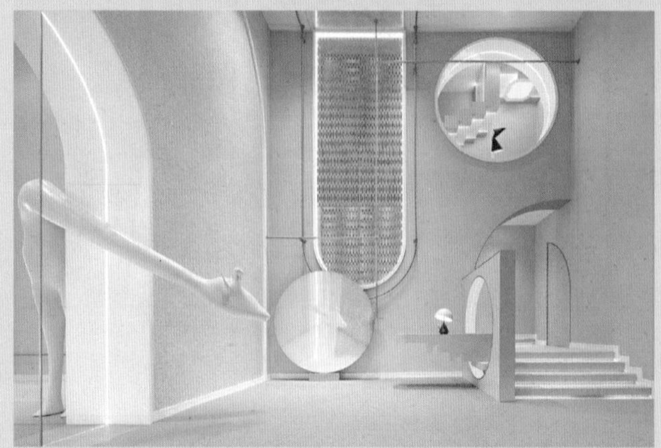

图 3-20 漫射照明

图 3-21 多种照明形式搭配组合

图 3-22 基础照明

（2）重点照明。

重点照明是为强调特定的目标而采用的高亮度的定向照明方式。其亮度一般是基础照明的 3 ~ 6 倍，也是商业空间照明设计中常用的照明布局形式。重点照明的特点是可以按照需求突出某一主体或局部，对光源的色彩、强弱以及照射面大小进行合理调配。重点照明可以营造出强烈的对比效果，强调商品的形状、质地和颜色，提升商品的可见度和吸引力。重点照明往往具有明确的目的，多用于陈列柜和橱窗的照明。重点照明如图 3-23 所示。

图 3-23 重点照明

（3）环境照明。

环境照明是指通过色光营造一种充满装饰感的氛围或戏剧性的空间效果，从而吸引视线，突出表现空间的艺术个性、营业特色，渲染空间气氛的照明布局形式。其特点是增强空间的变化和层次感，赋予环境特殊的光效果，使商业空间环境更具有艺术氛围。

环境照明主要体现在三个方面：一是灯光本身的空间造型及照明方式；二是灯光本身的色彩及光影变化所产生的装饰效果；三是灯光与空间和材质表面配合所产生的装饰效果。环境照明常用泛光灯、激光灯和霓虹灯等类型的灯具。另外，在展厅和橱窗等空间中，还可以使用加滤色片的灯具，制造出各种色彩的光源，造成具有视觉冲击力的戏剧性效果。环境照明如图 3-24 所示。

图 3-24 环境照明

三、学习任务小结

通过本次任务的学习，同学们已经初步了解了商业空间的照明方式及照明布局形式，学会了如何根据商业空间的具体环境选择灯具进行照明设计。同学们在日常生活中可以仔细观察商业空间的照明情况，结合所学的理论知识去分析其设计技巧。课后，同学们要分类收集相关的商业空间照明设计案例，形成资料库，为今后从事商业空间照明设计积累素材和经验。

四、课后作业

收集 10 个商业空间照明设计的案例，并制作成 PPT 进行展示。

商业空间光环境设计

教学目标

（1）专业能力：了解商业空间光环境设计的内容。

（2）社会能力：具备一定的商业空间光环境设计与分析能力。

（3）方法能力：具备资料收集能力、设计创意能力。

学习目标

（1）知识目标：掌握商业空间光环境设计的相关内容。

（2）技能目标：能结合商业空间的属性和功能进行光环境设计。

（3）素质目标：具备一定的艺术审美能力和设计创新精神。

教学建议

1. 教师活动

（1）教师展示和讲解商业空间光环境设计案例，提高学生对商业空间光环境设计的直观认识，更好地体现“从实践走向理论”的教学理念。

（2）教师通过对优秀的商业空间光环境设计案例的分析与讲解，开拓学生视野，提升学生对商业空间光环境设计的深层次认识，激发学生更加强烈的求知欲。

（3）教师将“节能环保”主题融入教学，引导学生思考问题，同时要求学生关注民生和人类可持续发展的问题，把节能环保理念融入光环境设计。

2. 学生活动

（1）学生通过观看商业空间光环境设计案例，主动思考商业空间光环境的设计技巧。

（2）拓展商业空间光环境设计知识，秉承“以人为本、环保节能”的设计理念去进行商业空间光环境设计。

一、学习问题导入

同学们，今天我们一起来学习商业空间光环境设计的相关内容。光是人们生活中必不可少的生存条件，人们已经习惯在有光线的空间活动。另外，光可以构成空间、改变空间、美化空间，但若是处理不好，光也会破坏空间。

二、学习任务讲解

1. 商业空间光环境设计的类别

商业空间光环境设计包括外部光环境设计、入口光环境设计以及营业空间光环境设计。

（1）外部光环境设计。

外部光环境设计的典型代表就是橱窗的灯光设计。橱窗的灯光设计必须要起到引人注目的效果，在创作方式上一要注重艺术效果与文化品位，二要突出重点商品，如图 3-25 所示。有的商业品牌甚至利用整个入口的立面墙体作为品牌形象的宣传，并通过光环境营造，形成视觉震撼和远距离传播效应，如图 3-26 所示。

图 3-25 外部光环境设计——橱窗灯光

图 3-26 外立面光环境设计

（2）入口光环境设计。

商业空间入口灯光强调识别性，要求明显易辨，能较好地烘托热烈的商业气氛。店铺照明从门面开始，独特的灯光设计能吸引路人的视线，如图 3-27 所示。

图 3-27 入口光环境设计

（3）营业空间光环境设计。

绝大部分的室内空间都依赖人工照明来创造优雅、舒适的光环境，这是留住顾客的重要手段。丰富的照明设计手段可以营造出富于变化和想象的空间环境。例如通过色彩的变化组合，SPA 馆营造出私密、静谧的空间氛围，而夜店却营造出个性、前卫的时尚感，如图 3-28 和图 3-29 所示。

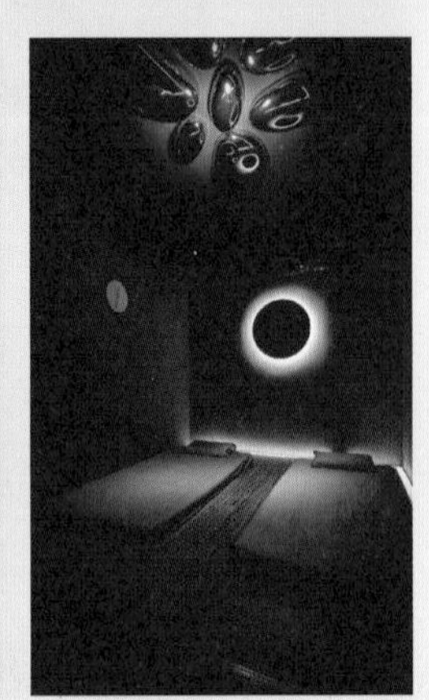

图 3-28 SPA 馆光环境设计

图 3-29 苏黎世夜店光环境设计

2. 商业空间光环境设计的评价标准

照明设计是科学，也是艺术，商业空间光环境设计应从设计和艺术两个方面综合评价。

（1）灯光应给人以方向感，并能界定清楚人们在空间中的位置。

（2）灯光应该是室内和建筑不可分割的一部分，即在开始时就包含在规划方案里，而不是最后增加的。

（3）灯光应该支持建筑设计和商业空间设计的设计意图，而不是使其游离出来。

（4）灯光应该在一个场所内营造出相应的状态和气氛，能够满足人们的需求和期望。

（5）灯光应该有助于促进人际交流。

（6）灯光应该有意义并传达一种信息。

（7）灯光的基本表现形式应该是独创性的。

（8）灯光应该能够使我们看见并识别环境。

此外，光环境设计还应该考虑经济性，做到低投入、高收益，并应满足环保节能、低碳的要求。

3. 光环境设计对商业空间的影响

第一，利用光照扩大空间的面积与增强空间层次感，是一种既经济又实用的方法。室内空间面积通过光的照射会呈现不同的体量。例如亮的房间面积显大，暗的房间面积显小，充满无形漫射光的空间，也有扩大视觉的效应。而直接光能加强空间和空间内物体的阴影以及空间的层次感和立体感。

第二，利用光的作用可以加强重点区域，削弱次要区域，从而使空间主次分明。首先，可以通过提供动感的、灵活的、可控制的照明来吸引消费者进入商店。其次，可以对特定物体进行重点照明，提升其外在形象，使其成为瞩目的焦点。最后，灯光的变化可以引导消费者，引起消费者对特殊商品的关注，引导消费者完成购物流程，并传达出特定的气氛，强化购物主题。例如许多商场为了突出新产品，用亮度较高的光对其进行重点照明。

第三，利用光的不同属性营造商业空间特定的气氛和效果，影响消费者的心理和行为，进而促进商品的销售。光的色温对商业空间氛围的营造有重要影响。例如餐饮空间用明亮、柔和的暖色调光源可以增强顾客的食欲，拉近人和就餐环境的距离。光的色彩既可以用作装饰，也可以用来限定空间。

第四，专业的灯光设计，还能合理使用能源，节约商业空间运营成本，同时对人的视力和健康也是一种保护，体现以人为本的设计理念。

三、学习任务小结

通过本次任务的学习，同学们已经初步了解商业空间光环境设计的相关内容。商业空间设计师肩负着人类发展的使命，不应浪费能源，好的光环境设计既环保又节能。同学们在课后要通过课堂学习的知识结合生活中实践来进行总结，全面提升商业空间光环境设计能力。

四、课后作业

收集商业空间光环境设计的优秀设计案例图片 10 张，并分析其光环境设计。

项目四
商业空间的受众视角

学习任务一　商业空间的人性化设计
学习任务二　商业空间设计中的人体工程学
学习任务三　商业空间设计中的环境心理学

商业空间的人性化设计

教学目标

（1）专业能力：了解商业空间中人性化设计的基本理念。

（2）社会能力：在生活中体验商业空间人性化设计的方法，培养良好的观察、分析能力。

（3）方法能力：具备设计思维能力、资料归纳整合的能力。

学习目标

（1）知识目标：理解人性化设计在商业空间中的表现。

（2）技能目标：能根据商业空间人性化设计的功能需求，以人为本，在商业空间设计案例中综合运用各种设计手段进行人性化设计。

（3）素质目标：具备清晰表达设计构思的能力，具备团队协作能力和创新能力。

教学建议

1. 教师活动

（1）课前体验：安排学生感受身边的商业空间中人性化设计内容，分析其设计的效果，在体验中调动和提高学生的自主学习能力。

（2）课中分析：通过案例分析、视频播放、讨论分享等方式，引导学生对商业空间中人性化设计的方法进行分析。

（3）课后总结：总结、梳理学习内容，后续课程中通过总结商业空间人性化设计案例，巩固知识并能熟练应用。

2. 学生活动

（1）前期带着任务体验商业空间，了解学习的主要内容。

（2）课堂上认真聆听教师的讲解分析，积极参与讨论，深入体会商业空间设计中常见的人性化设计方法。

（3）通过完成课后资料整理及总结商业空间人性化设计案例图片，达到学以致用的效果，学会发现问题并解决问题。

一、学习问题导入

在商业空间设计不断推陈出新的今天，造型、色彩、材质、灯光等外在表现形式不断创新，但内在的人性化设计也必不可少。人性化设计不仅要满足商业空间功能性的需求，还要满足顾客感官上的需求，比如视觉、听觉、触觉，让空间通过设计成为有温度的空间。

二、学习任务讲解

人性化的商业空间形态组织与设计表现为追求空间形态的互动性、参与性、趣味性和娱乐性，满足消费者的精神文化需求，追求更适合消费者主观感受的商业空间形态的表现形式。在商业空间设计中，应该从人的角度出发，充分考虑综合体环境下人的生理及心理的双重需求，力求体现现代商业空间的人本主义特色，创造人性化的商业空间环境，这是商业空间设计的重要内容。商业空间人性化设计可以从以下三个方面入手。

1. 商业空间的开放性设计

对一个具体的空间来说，其开放性可以确定该空间中不同环节与元素的范围与框架，能够将空间中的不同环节相互连接起来，形成各部分功能紧密连接的有机整体。一般来说，空间的开放性在空间实体中有以下表现。

（1）通过扩大个人活动的选择范围使得人们能够有更多的感受和体验。

（2）使空间中的人能够更多地控制空间环境的条件。

（3）给人们提供在空间环境中本身所得不到的更多的社会经验。

（4）给不同人群提供相互融合的环境条件，强化环境意象。

在现代商业空间中，流动空间、共享空间及灰空间等空间形式都让空间更加灵活和开放。

因此，在商业空间设计中，应该充分考虑到空间中的不同人群的各种需求，内部空间尤其是共享空间的功能应该尽量开放、灵活，以满足人们的不同需求及今后发展的需要。比如上海新天地广场的 Social House 是集零售、餐饮及生活休闲等功能于一体的多元化空间。如图 4-1 ~ 图 4-6 所示，为与外部环境相联系，并满足 Social House 需要周期性地更换展陈商品、举办活动的功能诉求，这个两层的场地被设计成以四季为主题的花园般的空间，设置了七个形态各异的亭子以延续四季周期变化的隐喻，并提供了更多可能的功能空间。Social House 的扶梯侧面设有沉浸式的多媒体视听装置，屏幕上呈现的抽象图案可以让人联想到春天的鲜花和云朵。

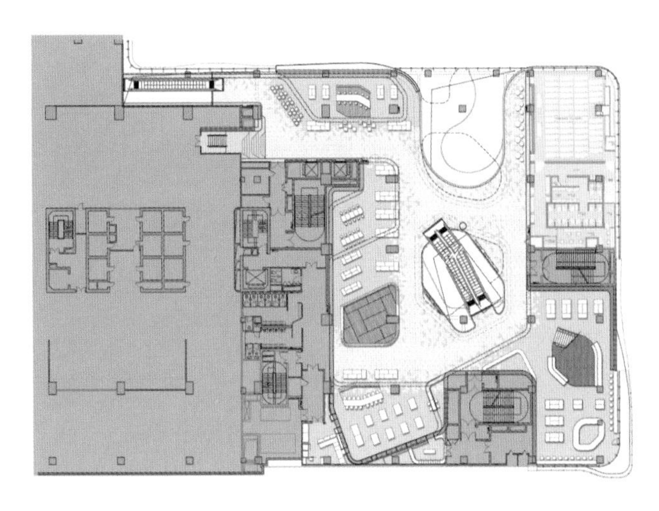

图 4-1 Social House 四层平面图

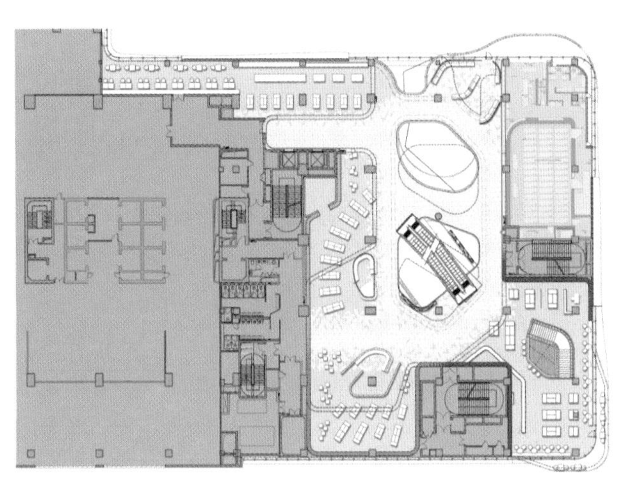

图 4-2 Social House 五层平面图

图 4-3　春季花园中手工制作及讨论区

图 4-4　扶梯侧面屏幕引导

图 4-5　秋季花园中书架空间

图 4-6　五层的活动空间

商业环境中的开放性设计为人们创造了一个开放互通的交流平台，可以更好地吸引大众，充分展现商业的魅力，这样有利于建立良好的商业互动环境，激发顾客的购买欲望，更好地提高经济效益。

2. 商业空间的多样性设计

对于不同环境中生活的人来说，他们受不同的环境因素的影响从而形成自己独特的个性。在商业空间环境中，使用者因背景不一样而对建筑空间有不一样的需求，空间的类型及空间内部的元素需要更加多元化。

在现代的商业空间中，消费者具有各自独特的行为和需求，因此供消费者使用的商业空间就需要具有多样性。不同的消费者有不同的需求，规划设计在囊括相关功能，来进一步满足消费者的各种需求。如图 4-7 所示，由壹方设计完成的杭州万科 · 钱塘东方 CO-Life 体验中心，很好地诠释了“为客户需求而改变”的商业空间多样性设计。

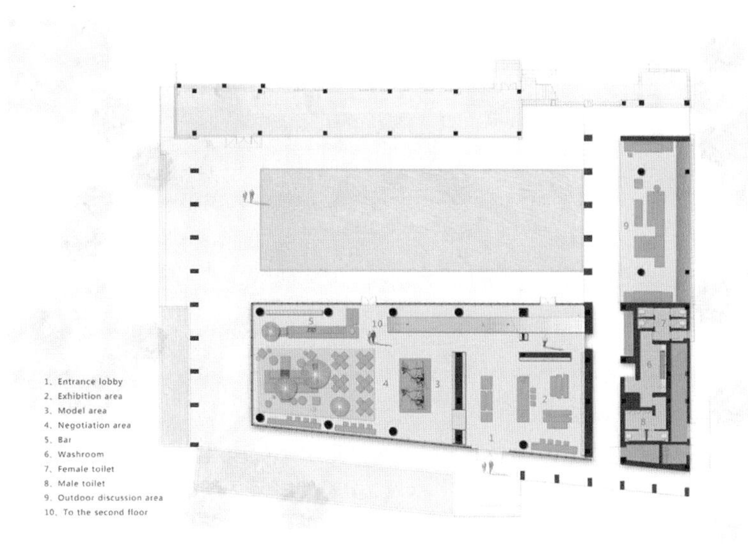

图 4-7 体验中心多样性空间平面图

如图 4-8 ~ 图 4-11 所示，Co-Life 体验中心结合项目客群、场地的差异化需求，共同打造输出 Co-Life 美食图书馆体验模型，加载阅读、咖啡、艺创等主题场景，打造城市社区运营及公共空间的创新样板，实现从场景到场所的迭代。将体验中心单一的销售空间转变为满足社区公共服务需求的功能空间，将传统的引导讲解型空间布局规划为品牌认知和社区生活体验型空间布局，将自身与客户的服务关系调整为在交流与反馈中获得灵感，为社区公共空间提供新的运营理念。

图 4-8 体验中心书墙、楼盘沙盘

图 4-9 体验中心阅读区

图 4-10 体验中心咖啡区

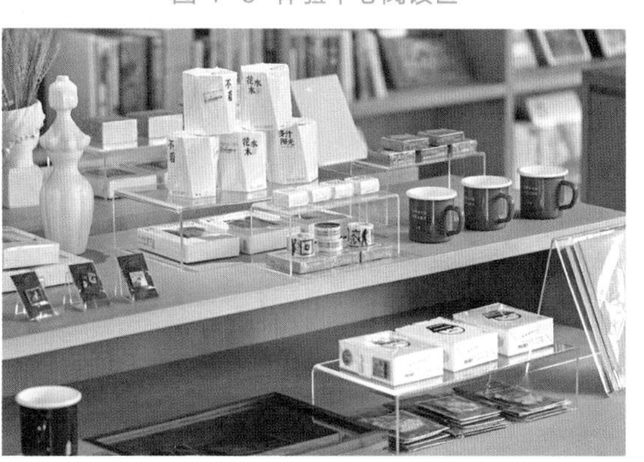

图 4-11 体验中心艺创区

另外，商业空间除应满足使用者最基本的共同需求，还应考虑使用者的特殊需求，例如残疾人、老年人和儿童这类特殊人群。在商业空间的设计中，应设置坡道、盲道、护栏等相应的保护和引导措施，以便他们在空间中的活动安全。

3. 商业空间的可识别性设计

商业空间的可识别性包括商业空间形象的可识别性以及商业空间的方向性。可识别性是人们认识空间的基本要求。人们在商业空间中，需要对自身的位置进行定位并能方便地找到自己想要到达的空间，这也是人们对商业空间可识别性的基本需求。

从人体工程学的角度来分析，商业空间的立面与细部等造型元素都能成为商业空间可识别性的构成因素。另外，由于商业空间中的功能空间体块组合较为复杂，考虑到引导消费者在空间中行走流线的便利性，在空间造型设计上需要设置相应的元素，来指示内部流线和走向。商业空间规模不论大小，好的空间效果能让人很容易知道其内部功能，并产生强烈的可识别性。如图 4-12 ~图 4-14 所示是喜茶静安嘉里中心店。该店铺外立面设计注重将建筑界面与室内空间激活，将原本的封闭立面改造为室内外空间互动式门面，最大化利用空间并提升街区氛围和品牌影响力。

室内空间通过导视系统引导顾客行为，通过流线分离引导顾客顺着户外的引导装置开始排队，逐步折入并停留在镶有“HEYTEA”字样的一米等位线前，每一步移动的间隙都有半高的倚靠装置可供小憩，考虑到店内空间的局限性，设计时将顾客出入店铺与外卖取单的流线进行分离，并以短靠装置、自助打包台、杂志及墙体文字呈现的方式分散等待出杯的人流，减少拥堵，便于快速撤离，如图 4-15 ~图 4-18 所示。

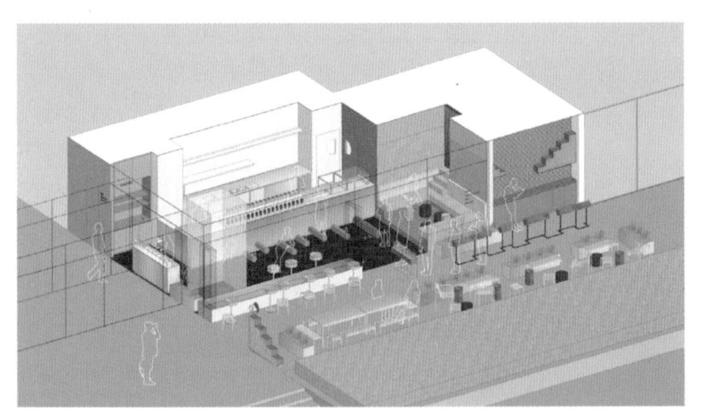

图 4-12 立体空间布局

图 4-13 店面外观

图 4-14 空间内外融通

图 4-15 内部空间流线设计

图 4-16 导视系统

图 4-17 杂志墙

图 4-18 一米等位线标识

三、学习任务小结

通过本次任务的学习，同学们已经初步了解了商业空间人性化设计的基本方法。通过对商业空间设计案例的分析与讨论，同学们也充分认识到商业空间中人性化设计的重要性和必要性，提升了对商业空间设计的理解。课后，同学们要归纳、总结所学知识，收集相关的设计案例来巩固知识，在今后的商业空间实践设计中秉持不忘初心、以人为本的设计理念。

四、课后作业

每位同学收集一套商业空间设计作品，对空间的人性化设计亮点及设计方法进行分析总结，并以 PPT 方式展示。

商业空间设计中的人体工程学

教学目标

（1）专业能力：了解商业空间中有关人体工程学的基本常识。

（2）社会能力：能通过观察、测量、分析和体验，掌握人体工程学在商业空间设计中的使用方法。

（3）方法能力：具备感知、理解能力和理性分析能力。

学习目标

（1）知识目标：掌握商业空间设计中人体工程学的应用方法。

（2）技能目标：能根据商业空间设计的需要合理应用人体工程学中的人体尺度和人际距离。

（3）素质目标：具备一定的人体工程学和人体健康学的知识。

教学建议

1. 教师活动

（1）课前体验：安排学生去感受实际商业空间中人体尺度的功能需要和人际距离设置的效果，分析其设计的合理性，在体验中激发学生的自主学习能力。

（2）课中分析：通过分析商业空间中人体工程学的应用案例，引导学生对商业空间设计中人体工程学的应用方式进行分析。

（3）课后总结：总结、梳理商业空间设计中人体工程学应用方法。

2. 学生活动

（1）前期带着任务体验商业空间，了解学习的主要内容。

（2）课堂上认真聆听教师的讲解分析，积极参与讨论，深入体会商业空间设计中人体工程学的应用方法。

（3）通过课后商业空间中人体工程学应用资料的整理，达到学以致用的效果，学会发现问题并解决问题。

一、学习问题导入

商业空间设计除了应强调功能性和主题性外，还必须注重人体工程学的合理应用，以增加空间的体验感。人体工程学所涉及的人体的静态尺寸和动态尺寸，以及心理、生理方面的感受，都对商业空间的设计提供数据支撑。

二、学习任务讲解

从广义上来说，人体工程学涵盖人体测量学、生理学、心理学和环境心理学等方面的内容。商业空间设计中的人体工程学，是为了更好地为人服务，给人更强的空间舒适感，让空间形态更加符合人的审美需求，也让室内家具、设备、陈设的使用更加方便。

1. 商业空间设计中的人体尺度

人体尺度主要有四个方面，即人体构造尺寸、人体功能尺寸、人体重量和人体推拉力。

（1）人体构造尺寸。

人体构造尺寸是指人体的静态尺寸，包括头、躯干、四肢等在标准状态下测得的尺寸数据。在商业空间设计中应用最多的人体构造尺寸包括身高、眼高、坐高、臀部至膝盖长度、臀部宽度、膝盖高度、膝腘高度、大腿厚度、臀部至膝腘长度、坐时两肘之间的宽度等，如图 4-19 所示。这些尺寸和数据对商业空间的界面设计和造型设计都有重要作用。例如站立时眼睛的高度应该与商业空间立面中摆放重点商品的高度一致，让最重要的商品以最直观的方式呈现在顾客面前。

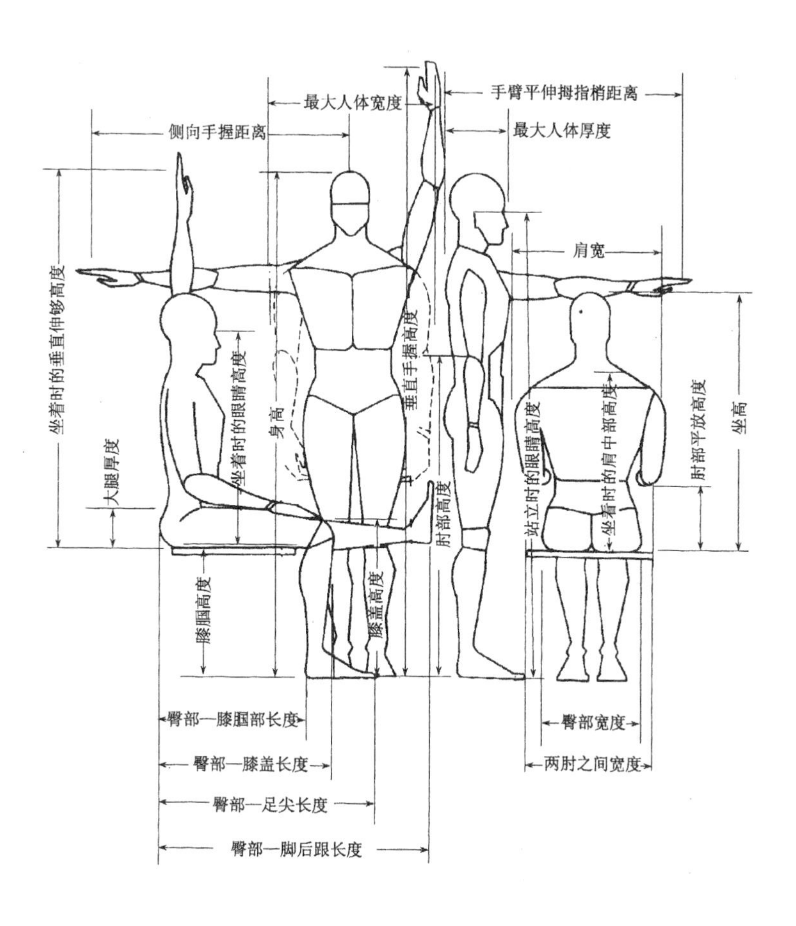

图 4-19 常用人体测量尺寸

（2）人体功能尺寸。

人体功能尺寸是指人体的动态尺寸，这是人体活动时所测得的尺寸。由于行为目的不同，

人体活动状态也不同，故测得的各功能尺寸也不同。我们可以根据人在商业空间中活动的范围和基本规律，测得其主要功能尺寸。

（3）人体重量。

测量人体重量的目的在于科学地设计人体支撑物和工作面的结构。对于商业空间设计来说，体重主要涉及的是地面、椅面、桌面等的结构强度。

（4）人体推拉力。

测量人体推拉力的目的在于合理地确定商业空间中出入口推拉门扇、柜门、抽屉等的重量，进而科学地设计并选择相应用品。如图 4-20 所示的某零售专卖店内交通流线的尺寸、商品货架的高度布置、换鞋区沙发软凳的位置及尺寸，都很好地考虑了人体尺度的要求。

如图 4-21 和图 4-22 所示是长沙复合型超市福来食集，空间内货架的高度、深度都充分考虑了顾客拿、取、放等人体的各项尺度要求。

图 4-20 某零售专卖店

图 4-21 福来食集 1

图 4-22 福来食集 2

2. 商业空间设计中的人际距离

在商业空间设计中，人际距离一般分为公共距离、社会距离、个人距离和亲密距离。随着人际距离的缩小，人际间的情感交流会不断增强。人际距离是我们进行商业空间布局规划和设计的依据。商业行为所反映的不同的交往空间，也有不同的要求。

（1）公共距离（大于 3.75m）。

在商业空间公共距离设计中应该加强空间的休闲环境的综合设计，吸引顾客逗留。在商业活动中，业主应把控好与顾客的视线交换。顾客此时在寻找所需的商品，也可能在闲逛。待顾客向服务人员走来，要主动接待。

（2）社会距离（1.3 ~ 3.75m）。

顾客和服务人员之间的距离在 1.3 ~ 3.75m 时人际关系是平等的、友善的，此时顾客对某种商品产生兴趣，会驻足观看，服务人员应主动介绍，这是人际间应有的交往准则，也是服务人员促销的最好时机。社会距离的交往，应该加强商品的展示，以便吸引更多的顾客。

（3）个人距离（0.45 ~ 1.3m）。

个人距离的交往即顾客与服务人员之间的距离在 0.45 ~ 1.3m，此时的人际关系是一种服务行为，不管顾客最终是否购买商品，服务人员应该为顾客提供服务，这是营销的关键时刻。服务人员如能诚实地对待顾客、热情地服务，往往能达成交易。个人距离的交往应该加强业主的服务手段和方法。除了方便顾客购物外，还应准备不同价位和质量的商品，供顾客挑选。

（4）亲密距离（小于 0.45m）。

在商业空间中，有的服务是顾客与服务人员之间没有距离障碍的服务行为，如理发店的理发服务、美容院的美容服务、按摩店的按摩服务、公共浴室里的助浴服务、医院里的诊疗服务等。这种服务行为所要求的交往空间有固定的，也有流动的。这种交往行为的空间，只需要满足两个个体之间的服务行为要求即可。此时两个个体之间的水平距离属亲密距离，即在 0.45m 以内。

由于交往空间各不相同，其环境氛围取决于服务事业的总体环境，但都有一定的私密性。如图 4-23 所示是首尔乐天百货 291 摄影零售店，这个销售相机、照片和图册的零售空间，在空间的综合布局、产品销售区域的划分和产品的展示上，都很好地把控了商业空间设计中人际距离的尺度。

图 4-23 首尔乐天百货 291 摄影零售店

三、学习任务小结

通过本次任务的学习，同学们已经初步了解了商业空间设计中人体工程学的基本内容，通过对商业空间案例的分析与讨论，同学们也充分认识到商业空间中人体尺度和人际距离的要求。课后，同学们要归纳、总结所学知识，收集相关的设计案例来巩固知识，形成资料库，为今后从事商业空间设计积累素材和经验，并在今后的商业空间设计中注重人体工程学设计的合理性。

四、课后作业

每位同学收集一套商业空间设计作品，对空间的人体尺度和人际距离设计方法进行分析、总结，并以 PPT 的形式展示。

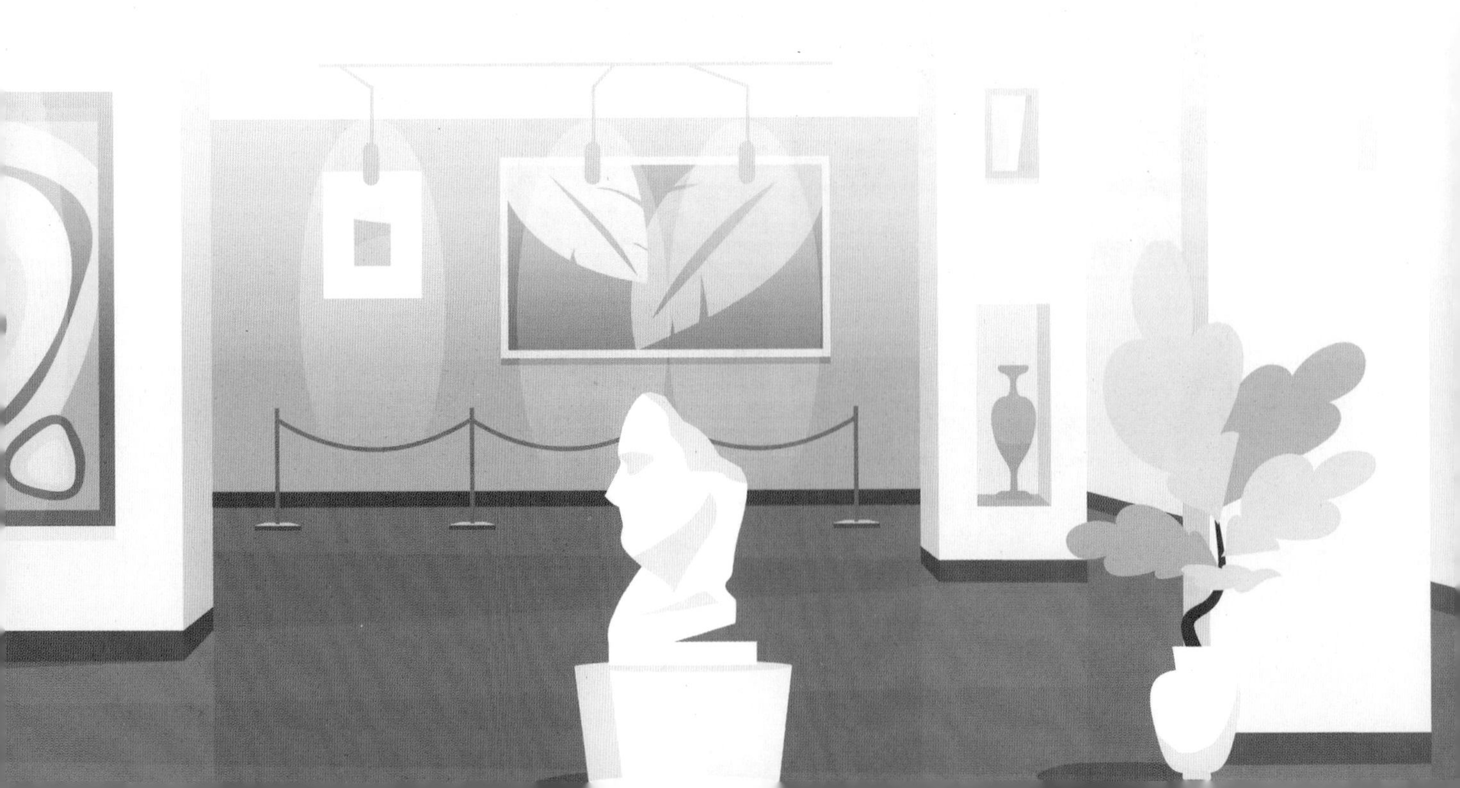

商业空间设计中的环境心理学

教学目标

（1）专业能力：了解商业空间设计中环境心理学的基本理念。

（2）社会能力：能分析商业空间设计中环境心理学的应用案例。

（3）方法能力：具备资料整合、归纳能力，设计创意能力。

学习目标

（1）知识目标：了解商业空间设计中环境心理学的应用方式。

（2）技能目标：能根据商业空间的需求，整合设计要素，合理地进行综合环境设计。

（3）素质目标：具备清晰的设计整合能力，以及团队协作能力和创新能力。

教学建议

1. 教师活动

（1）课前体验：安排学生到商业空间中考察、感受人在环境中的互动效果，体验环境心理学在商业空间设计中的应用方式。

（2）课中分析：通过分析商业空间设计中环境心理学应用案例，引导学生研究消费者的心理，利用环境心理学知识进行商业空间设计。

（3）课后总结：总结商业空间设计中环境心理学应用案例，巩固知识并能熟练应用。

2. 学生活动

（1）前期带着任务体验应用环境心理学设计的商业空间，分析学习的主要内容。

（2）课堂上认真聆听教师的讲解和分析，积极参与讨论，深入体会商业空间设计中环境心理学的常见应用方式。

一、学习问题导入

随着社会经济的不断繁荣，市场和消费群体逐渐细分。当今，商品经济市场竞争日趋激烈，只局限于售卖商品的传统商业卖场已慢慢失去竞争力，越来越多的商业卖场经营者都开始考虑并营造集理念、环境、艺术于一体的服务空间。因此，迎合消费者需求和愿望的创意型商业空间设计已成为一种潮流。

二、学习任务讲解

1. 环境心理学

环境心理学是研究商业空间与空间中人的行为之间相互关系的学科，它着重从心理学和行为的角度，探讨人与环境关系的最优化。商业空间设计中的环境心理学，重点在于组织空间、设计界面、处理色彩与光照、调节空间环境，满足人对空间的需求，让商业环境符合人们的心理需求，并得到认同。在此基础上，消费者与商业空间环境的互动就自然产生了。

2. 环境心理学在商业空间设计中的应用

随着经济的发展和社会的进步，现代商业模式相对于传统商业模式来说，其商业空间及购物环境更加侧重于通过消费者的一系列感官，如视觉、听觉、嗅觉、触觉来吸引消费者的参与，触动消费者的内心，从而形成愉悦的消费感受。对于消费者而言，在可选择的商品无较大质量与价格的差别时，会更加倾向于有更多体验的综合性购物场所。因此，商业空间设计将各种可体验、感受的元素融入空间环境设计，通过主体即消费者的感官与周围环境的沟通，为消费者提供有效的指引。商业空间中环境心理学的应用方式主要有以下几种。

（1）与自然环境相适应。

商业空间中，大多数的单体商业空间，甚至商业综合体在建筑规划设计方面大多采用封闭结构，建筑与外界环境的联系十分有限，这种模式极大地降低了环境的舒适性。如果在商业建筑设计的过程中纳入更多的自然空间，使消费者与自然环境有更加密切的接触，进一步提升消费者的舒适度，对提升消费者的观赏体验具有相当积极的意义。

由深圳西思贝尔设计事务所设计的广东嘉荣 SPAR 食品超市茂名东信名苑旗舰店，在空间规划和设计中标准化的同时注重植入当地文化。项目临近城市主干道及社区，可视性和可达性均较为理想。如图 4-24 所示，超市入口处醒目的红色遮阳棚，自然地融入周围喜庆祥和的社区氛围，透明玻璃橱窗增加了室内外空间的互动。

图 4-24 嘉荣 SPAR 食品超市茂名东信名苑旗舰店入口立面

（2）增加主题文化元素。

商业的经营特色能够有效吸引消费者，也是卖点之一。鲜明的形象主题会使商场在商品同质化严重的商业市场内获得形象和档次上的提升。品牌文化、历史文化、动漫文化及儿童文化等不同文化主题通过合理的设计组合，均可形成主题化商业中心，吸引不同需求的主体，给消费者留下难忘且珍贵的购物体验。

文化的传承离不开载体，城市依托于建筑所体现的独特文化积累、沉淀，慢慢形成其日常而丰富的生活形态。商业空间设计可以植入充满地域性、时代性或某种优秀人文特性的文化元素，构建出富有特殊意义的空间效果。

广东嘉荣 SPAR 食品超市茂名东信名苑旗舰店的空间设计注重植入本地文化，将本地文化节点化、场景化。如图 4-25 ~ 图 4-27 所示，主入口烘焙区、中部熟食就餐区、西南角休闲食品区等抽象地再现了传统捕鱼丰收的情景。钢、旧船木、木条栅、红砖结合的具象屋顶有熟悉的味道；主餐区的火树银花让顾客忆起老榕树下的美好童年时光，增强亲近感，让空间、商品与人对话，激发顾客共情与共鸣，进而产生购买欲。

图 4-25 嘉荣 SPAR 食品超市主入口烘焙区

图 4-26 嘉荣 SPAR 食品超市中部熟食就餐区

图 4-27 嘉荣 SPAR 食品超市西南角休闲食品区

如图 4-28 和图 4-29 所示，鲜肉、熟食区再现了传统街市情景；主营区捕渔网意象的黑色钢网似有若无，烘焙区、休闲食品区、收银区海捕意象的木纹铝格栅温暖而有趣。卖场整体为暖灰色的中性基调，再配以暖色灯光，使丰富的品类及色彩成为主角。

图 4-28 嘉荣 SPAR 食品超市鲜肉区

图 4-29 嘉荣 SPAR 食品超市熟食区

（3）空间中营造体验式效果。

体验式商业空间效果的营造是将各种可体验的元素融入空间环境设计，通过消费者的感官与周围环境沟通，为消费者提供有效的指引。由 Oft Interiors 设计机构设计的 MCL 数码港戏院，就是商业空间创造场景式消费体验的优秀案例。设计中 Oft Interiors 为“Z 世代”消费人群带来全新像素世界，还解决了旧戏院动线不合理和商场引流能力不足的问题，实现了影院和商场双向引流。

如图 4-30 和图 4-31 所示，售票处以独立建筑的身份出现在数码港戏院，如同一个天外来客，让消费者能够在室内也获得置身户外的体验感。设计师还利用大堂天花高且窄长的特征，用平面表现手法呈现立体概念，将像素用生动的方法呈现，并通过天花铝条造型的延伸感和方向性，把消费者由入口带到大堂。

图 4-30 MCL 数码港戏院售票处 1

图 4-31 MCL 数码港戏院售票处 2

如图 4-32 和图 4-33 所示，空间中大小不一、深浅不同的立体像素柱，是引导消费者对三维城市进行联想的造型元素。在一个电子屏幕无处不在的世界中，我们就是构成这个世界的一个个小小像素，因为每个个体的不同，世界才变得更加立体与鲜活。整体空间以红色及灰白色为主，气氛充满活力、炽热与冲劲。

图 4-32 立体像素柱 1

图 4-33 立体像素柱 2

影厅内部也分为冷、暖两种氛围，灯光可以根据不同场景的环境需要调节，并以不同的色彩营造出视觉的差异。以单一、简洁的马赛克拼贴出丰富、生动的立体墙面，完成像素由简单到繁复画面的呈现。前后凹凸效果拼贴出富有立体感的特色墙体，在光影变幻中带领观众进入沉浸式情境之中，如图 4-34 所示。

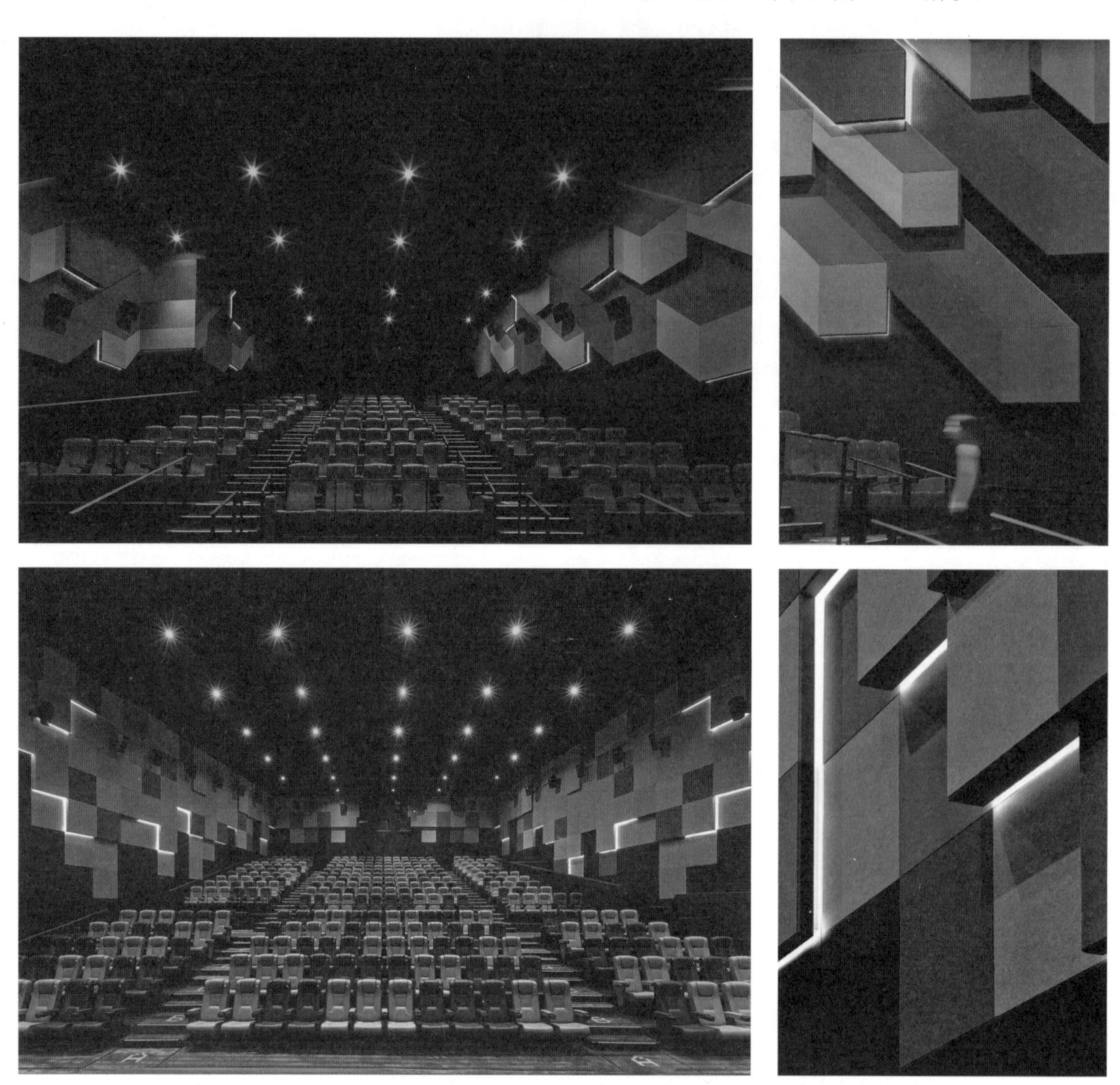

图 4-34 影厅内部不同的冷暖氛围

三、学习任务小结

通过本次任务的学习，同学们对商业空间设计中的环境心理学知识的应用方式有了初步了解，也充分认识到商业空间中环境心理学应用的重要性和必要性。课后，同学们要归纳、总结所学知识，学会整合空间设计要素，在后续的商业空间实践设计中综合运用。

四、课后作业

每位同学收集一套商业空间设计作品，对空间中环境心理学的运用及人与环境互动的亮点进行分析和总结，并以 PPT 的形式展示。

项目五

商业空间平面系统设计及品牌形象

企业品牌形象的空间塑造

教学目标

（1）专业能力：了解企业品牌形象的基本概念和内容，能够把企业形象设计应用到商业空间设计项目中。

（2）社会能力：增强学生平面系统设计的逻辑思维能力和品牌形象的空间想象能力。

（3）方法能力：培养学生综合设计能力和设计创新能力。

学习目标

（1）知识目标：了解企业品牌形象设计的基本概念和特点。

（2）技能目标：掌握企业品牌形象的基本构成。

（3）素质目标：培养严谨、细致的学习习惯，提高综合设计能力和设计创新能力。

教学建议

1. 教师活动

教师通过分析和讲解企业品牌形象设计的基本概念、构成和设计流程，培养学生的设计实践能力。

2. 学生活动

学生认真领会和学习企业品牌形象设计的基本概念和设计流程，能创新性地分析与鉴赏企业品牌形象设计案例。

一、学习问题导入

大家好！我们先一起来欣赏施华洛世奇东京旗舰店的企业品牌呈现。施华洛世奇东京旗舰店的设计主题是“Crystal Forest”，即水晶森林，该店巧秒地运用镜面折射的物理原理搭建了一个极具视觉冲击力的空间，使门头与附近灯光交相辉映，为火树银花的夜景增添点亮丽的一笔。

店面部分使用一系列鳞次栉比的不锈钢柱，显得熠熠生辉，在没有内置灯光的情况下，自白日至黑夜，昼光、月光、近处灯光使店面五光十色，成为银座中最具吸引力的商业空间。该企业的品牌形象，在空间中体现得淋漓尽致，让顾客在逛店的过程就可以体验到企业文化，如图 5-1 所示。

图 5-1 施华洛世奇东京旗舰店

二、学习任务讲解

1. 企业品牌形象的空间塑造

企业品牌形象是指人们通过企业品牌的各种标志而建立起来的对企业品牌的总体印象。在商业空间里如何让受众识别并记住企业品牌，往往在一定程度上影响着品牌形象的认知和推广。

如今的商业空间已不再是单纯的室内外装潢或陈列商品，企业品牌形象的塑造有时比商品的宣传还要重要。在这种情况下，空间设计的视觉效果必然要与企业品牌的视觉识别系统高度统一，以利于受众识别与记忆，如企业视觉识别系统的应用，鲜明的视觉空间装修，商业空间入口、橱窗等容易出彩部分的形象塑造等，如图 5-2 所示。

2. 视觉识别系统设计

在认识视觉识别系统前要先了解企业形象识别系统。20 世纪 50 年代中期，美国 IBM 公司的设计顾问提出:“透过一些设计来传达 IBM 公司的优点和特点，并使公司的设计与应用统一化。”在其倡导下首先推行了企业识别设计。20 世纪 60 年代初美国一些大中型企业纷纷效仿 IBM 公司，将能够完整树立和代表企业形象的具

图 5-2 用黑色、金色元素塑造奢华品牌形象的广州正佳广场 Whoo 旗舰店

体要素作为一种企业经营战略，并把它作为企业形象传播的有效手段。企业形象识别系统的英文是 corporate identity system，简称 CIS。CIS 包括三部分，即理念识别（mind identity，MI）、行为识别（behaviour identity，BI）、视觉识别（visual identity，VI）。其中核心是 MI，它是整个 CIS 的最高决策层，给整个系统奠定了理论基础和行为准则，并通过 BI、VI 表达出来，如图 5-3 所示。

VI 是企业品牌形象的直观体现。例如，我们把 CIS 当成一个人，VI 就如同这个人的“脸”，我们很容易通过对方的相貌特征来对他产生印象并识别和记忆。因此，在塑造商业空间时可以将企业的视觉识别系统以元素的形式运用到展示空间里。具体的做法是灵活的，可以将企业标志以立体的形式呈现，利用企业的标准色彩作为展示空间的主体色在空间里进行大范围的拓展，也可以利用品牌吉祥物拉近企业与受众群体的距离等。除此之外，在空间的视觉形象中我们还可以挖掘与品牌形象相符的其他元素进行合理的安排。如图 5-4 所示，CHANEL 标志在北京香水与美容品专卖店门口醒目而立体，简约的线条构建统一大气的品牌形象。

图 5-3 IBM 公司简洁的标志以视觉形象形式进行品牌推广

图 5-4 CHANEL 标志在专卖店门口醒目而立体

3. 品牌形象的基本内容

（1）品牌标志（logo）。

品牌标志是品牌中可以被认出、易于记忆但不能用语言称谓的部分，包括符号、图案，明显的色彩或字体，又称“品标”。品牌标志自身能够创造品牌认知、品牌联想和消费者的品牌偏好，进而影响品牌体现的质量与顾客的品牌忠诚度。

品牌标志是一种视觉语言。它通过一定的图案、颜色向消费者传递某种信息，以达到识别品牌、促进销售的目的。品牌标志广泛应用在店面设计中，如门头、入口、橱窗、形象墙等，并使用不同的材质、色彩、灯光烘托品牌形象，体现品牌的文化内涵和特有标识。品牌标志是商业空间设计中重要的设计要素之一，如图 5-5 所示。

图 5-5 华为的品牌标志在体验馆中醒目大方

（2）品牌标准色。

标准色是指品牌为塑造独特的品牌形象而确定的某一特定的色彩或色彩系统，运用在所有的品牌视觉传达设计的媒体上，通过色彩特有的知觉刺激与心理反应，表达品牌的经营理念和产品服务的特质。标准色具有传播功能，在其中注入品牌理念的情感倾向和理性意味，这样不仅能强化品牌识别标志、品牌识别系统、品牌识别形象的吸引力和传播力，而且极大地加强了品牌生产经营、运行实态、行为方式的约束力和激励力，实现形象化的管理。例如我们所熟悉的法拉利红便具有传奇色彩。20 世纪初，国际赛车运动协会将红色分配给意大利参赛车队，以方便与其他车队进行区分。多年以来，由于法拉利在赛道上不断创造传奇，频频登上冠军领奖台，法拉利红也成为法拉利深入人心的经典颜色，如图 5-6 所示。

图 5-6 意大利马拉内罗法拉利博物馆

（3）品牌象征图形。

象征图形是指代表某种具象或抽象的图形。象征图形又称辅助图形，主要用来作为企业品牌形象的辅助识别，避免标志加名称的单调，也可以用来丰富形象，调整版面布局，让人印象更加深刻。例如国际奢侈品品牌路易威登，人们所熟悉的除了标志性的“LV”还有经典的印花图案，这些印花图案经常重复地应用在路易威登的产品中，也深刻地印在了消费者的记忆中，形成图形性的品牌识别。在路易威登日本东京银座店的建筑外观设计中，印花图案被著名的设计师青木淳应用得巧妙而现代，如图 5-7 所示。

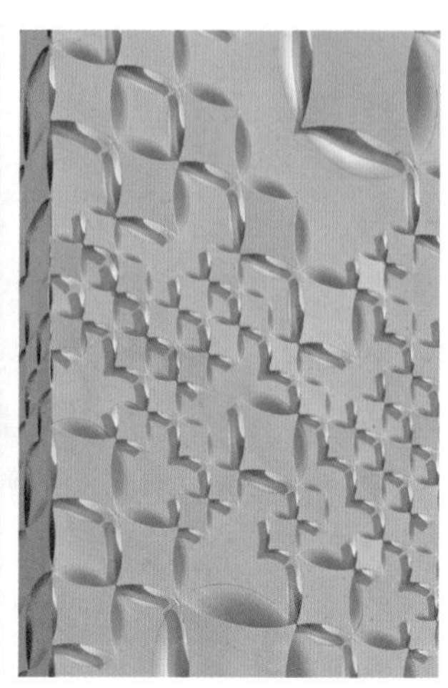

图 5-7 路易威登日本东京银座店志性的重复格子图案

4. 设计内容和方法

企业品牌设计体现在三处，即门头招牌、入口和品牌形象墙。

（1）门头招牌。

商业空间设计中店面门头设计大多是标识性设计，简而言之，就是能准确地告诉顾客进入了什么样的商业空间。原则上，一般采用商品或企业品牌标识、色彩、图形等统一元素进行设计。

门头招牌设计以店面品牌形象标识为核心。形象标识主要包括文字（店名）、形象标志、商品标准色，应依照企业VI系统中的设计及使用规范进行应用。门头招牌设计是商业建筑外观设计的重要组成部分，在很大程度上突出反映了商业建筑的特征和商业购物环境的气氛。因此，门头招牌设计要体现宣传商品的内容，引导出入，完善店面形象，提高品牌价值，通过富有个性的形象来满足消费者的精神需要。门头招牌设计应考虑以下两个方面。

①有宣传性。店面门头招牌在强调入口所在位置的同时，起着识别建筑性质的作用，它使消费者可以感知店内的经营内容、性质，并且诱导人们的购物行为。不同的建筑由于其使用目的和性质不同，它们的外部形态也有不同特性。店面门头招牌是识别建筑类型和表明经营内容及特征的最强烈的视觉信号，能起到广而告之的作用。

②体现精神文化。店面门头招牌是高度装饰性艺术的体现，它显示了一种文化，体现了时代与品牌的文化特征，是时代文化、区城文化、民族文化和品牌文化的综合体。店面门头招牌除应强化入口主题外，还应根据经营特色营造出浓郁的文化特征。如图 5-8 所示为门头招牌设计案例。

（2）入口。

入口是介于建筑内部与外部的过渡空间，体现店铺的经营性质与规模，显示立面的个性和识别效果。入口设计是一个品牌店的外在形象，也是品牌文化的视觉窗口。入口空间设计元素包括店名、品牌 logo、门的开启方式、门口尺寸等。不同的店面入口的设计风格与尺度均不同。各种入口的造型能体现店面的特点，达到吸引客户和体现装饰风格的目的。

①封闭型。封闭型店面入口应尽可能小些，面向人行道的门面，用橱窗或有色玻璃将商店遮藏起来，让顾客先在橱窗前品评陈列的商品，然后再进入商店。如珠宝、高级仪器、照相器材等商店，原则上采取封闭型，店铺外观豪华，以商店门面的结构形式取得购买者的信赖。香港 MCL 院线采用封闭型入口，起引导作用，如图 5-9 所示。

图 5-8 厦门潮奢 GRAMMY 玩乐派对空间门头招牌

图 5-9 香港 MCL 院线

②开放型。经营高档商品的店面，不能随意把过多的顾客引入店内，因此入口比封闭型店门大，从外面能看到商店内部，店门前的橱窗可以设置成倾斜性，引导顾客按照一定方向进入店内。百货商店和服装店一般可采用半开放型入口。东京优衣库为半开放型入口设计，有效地引导人们进入店内，如图 5-10 所示。

③敞开型。敞开型店面入口全部敞开，基本不设橱窗，可以设立小摊位出售商品。一般简餐、奶茶、冷饮店多用此类门面设计，顾客从店外就能看到内部全貌，方便其直奔想要购买的商品，如图 5-11 所示。此外，小型商店也多用此类型。

入口的设计方法如下。

①确定入口形式。

根据店铺的位置，入口形式通常有两种，即街边店面入口和商场内店面入口。街边店面一般在建筑建造成型时就完成了入口形式的设计，受到建筑立面风格的影响，后期改造的幅度较小。这类店面入口设计，应因地制宜，在与建筑整体风格统一的前提下，延展店内的风格，以达到吸引消费者的目的。店中店大多数在大型商场内部空间设置，相对于街边店铺几乎不受建筑风格影响，在设计时要根据商场的形象要求和规划标准进行设计，入口的造型和色彩要新颖、独特，以便吸引人的视线。

图 5-10 东京优衣库为半开放型入口

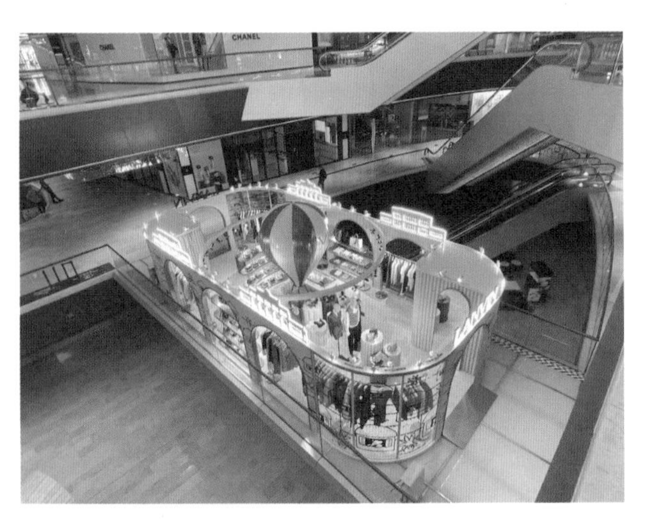

图 5-11 法国浪凡敞开型商铺入口

根据空间形式，店面入口可分为平开式和内嵌式。平开式的店面入口门与橱窗在同一条线上，没有进深差异。内嵌式入口门与橱窗不在同一条线上，后退的门与橱窗形成内嵌的形式。

②设计店铺入口的注意事项。

考虑店铺营业面积、客流量、地理位置、商品特点及安全管理等因素。在店铺设置的顾客通道中，出入口是驱动消费的动力泵。出入口设计要能使消费者顺畅地从入口走到出口，有序地浏览全场，不留死角。参照店内面积的大小及品牌定位的高低，入口和橱窗展示空间比例分配要恰当。不同类型的店面有不同的入口设计，如通常快餐店入口及展示空间比例要求较大，咖啡馆则要求较小，大型商店有多个入口，要合理有序地组织循环客流和疏导人流，小型商店往往没有多大的展示空间可用，故多采用无框玻璃，借助入口来展示产品。

入口设计多采用强调手法，即在整体造型协调、合乎行业经营惯例的前提下，给入口以足够的暗示，可以通过改变入口的方向、走势，改变色彩、装饰材料、水平尺度等方法来强化人们对于入口的注视，取得消费者心理的认同。针对个人色彩浓厚或需要提供私密性服务的场所，入口处理需采用隐蔽或虚化处理。另外，还要重视细节设计，如入口地面或墙面的标志等，一些特别的设计往往会获得独特的设计效果，如图 5-12 所示。

③入口设计的具体方法。

入口的形态设计是通过建筑风格、建筑构件与符号的应用、入口造型的材料三个方面来实施的。

任何一个购物空间，其入口与门头的造型设计都应与建筑风格相配套。门头与整个建筑相比属于局部服从于整体，脱离整体就会破坏整个建筑的形式美感，从而使商业形象受到破坏，影响经营效益。在进行设计时，应把握形体之间的尺度和比例关系，例如各细部造型之间的尺度和比例关系，造型与整个商业建筑之间的尺度和比例关系。在总体尺度关系适度协调的情况下，追求入口与门头设计的个性化、艺术化，创造出体现商场形象、吸引顾客视线、具有新奇感的造型。

在某些入口与门头设计中，可以利用某种风格的建筑构件作装饰，使用重复排列、疏密对比等手法，使入口与门头的空间层次更加丰富。可以巧妙利用商业经营企业的标志、标准文字、企业专用色彩和形象符号等来构筑门头造型，强化商场的整体形象，突出商场的商业经营内涵。也可以利用灯光照明的光影强化造型符号，营造造型的韵律美感，突出门头的视觉冲击力。此外，与霓虹灯配合可增强入口与门头的色彩感与商业氛围。

在材料选择上，要注意材料质感的对比，使材料与购物空间、经营内容相协调，与艺术风格相匹配。同时，了解材料质感带给人们的不同心理感受，如石材给人以古朴与厚重的感觉，不锈钢给人以洁净明亮的时代感，木材给人以温馨、亲切感，而有机透光材料则给人带来鲜艳、明快的视觉感受。如成都星汇广场改造时，将幕墙标识与不锈钢聚酯粉末烤漆和 5mm 透光亚克力材料相结合进行设计，整体效果较好，如图 5-13 所示。

图 5-12 UR 中国旗舰店

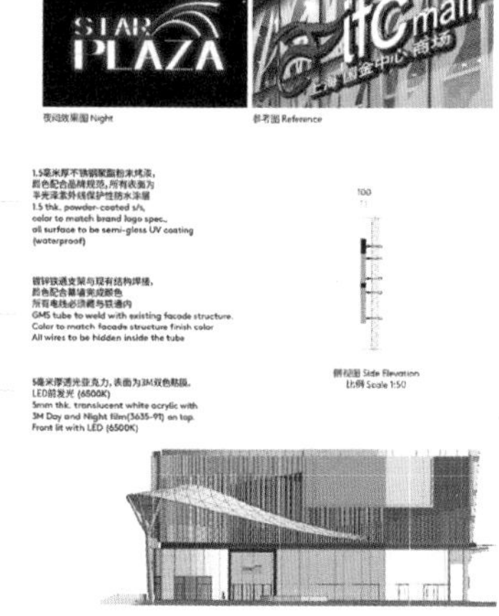

图 5-13 成都星汇广场改造项目

三、学习任务小结

通过本次任务的学习，同学们初步了解了企业品牌形象设计的基本概念、内容和设计方法，教师通过对品牌形象设计案例的分析与讲解，开拓了同学们的设计视野，提升了同学们对企业形象设计的深层次认识。课后，大家要多收集相关企业品牌形象设计案例，形成资料库，为今后从事商业空间设计积累素材和经验。

四、课后作业

每位同学收集 5 套企业品牌形象设计案例，并制作成 PPT 进行展示。

商业空间导视系统设计

教学目标

（1）专业能力：了解商业空间中导视系统的设计方法。

（2）社会能力：能收集不同形式的商业空间导视系统素材，并进行分析与归纳。

（3）方法能力：设计创新能力和设计造型能力。

学习目标

（1）知识目标：了解商业空间中导视系统设计的分类和流程。

（2）技能目标：能结合商业空间的功能需求进行导视系统设计。

（3）素质目标：具备认真、严谨的专业素质和创新设计能力。

教学建议

1. 教师活动

教师展示与分析大量商业空间导视系统设计图片，让学生直观了解其功能和设计方法。

2. 学生活动

学生了解不同类别的商业空间导视系统设计的方法。

一、学习问题导入

日常生活中有许多导视系统设计，如各种各样的标识指引我们从哪里过马路、如何到达电影院等。导视系统是商业空间的组成部分，导视系统涉及的范围极为广泛，标识不仅仅是一个标志或者箭头，而应与建筑、景观和图形融为一体，真正形成系统化设计，同时还要适应多层次、多形态、多空间的复杂要求。如图 5-14 所示为导视系统中的视觉导向设计。

二、学习任务讲解

1. 商业空间导视系统设计的介绍

人类认识商业环境靠的是知觉，而在知觉所包含的视觉、听觉、味觉、触觉、嗅觉中，最为敏感的是视觉和听觉。人类获取的外界信息中约 80% 是通过视觉来感知的。因此，视觉导向在环境导向设计中分量最重。

商业空间导视系统设计是商业空间环境设计的重要内容，它的主要功能是对商业空间的范围进行解释、说明、指示和引导。特别是对于大型商场，其空间面积大，消费者容易迷失方向，此时设置具有指路功能的导视系统就显得尤为重要。视觉导向设计不仅具有指示和引导功能，同时也是消费者首先接触到的企业视觉形象，它不仅可以像以往的平面功能分区图那样组织人员有效流动等，而且也是企业文化的重要组成部分，如图 5-15 和图 5-16 所示。

图 5-14 视觉导向设计

图 5-15 利用强烈的色彩对比、墙面标识起到指路的作用

图 5-16 地面标识起到引导作用，帮助顾客顺利地找到自己需要的商品

2. 商业空间导视系统设计的要求

商业空间导视系统设计的功能不是单一的，而是需要与企业文化以及相关的各种体验联系起来。另外，作为信息传播系统，商业空间导视系统还要在顾客与其接触的第一时间里，快速而又准确地传达出信息。因此，商业空间导视系统设计需简洁、鲜明、易懂，如图 5-17 所示。

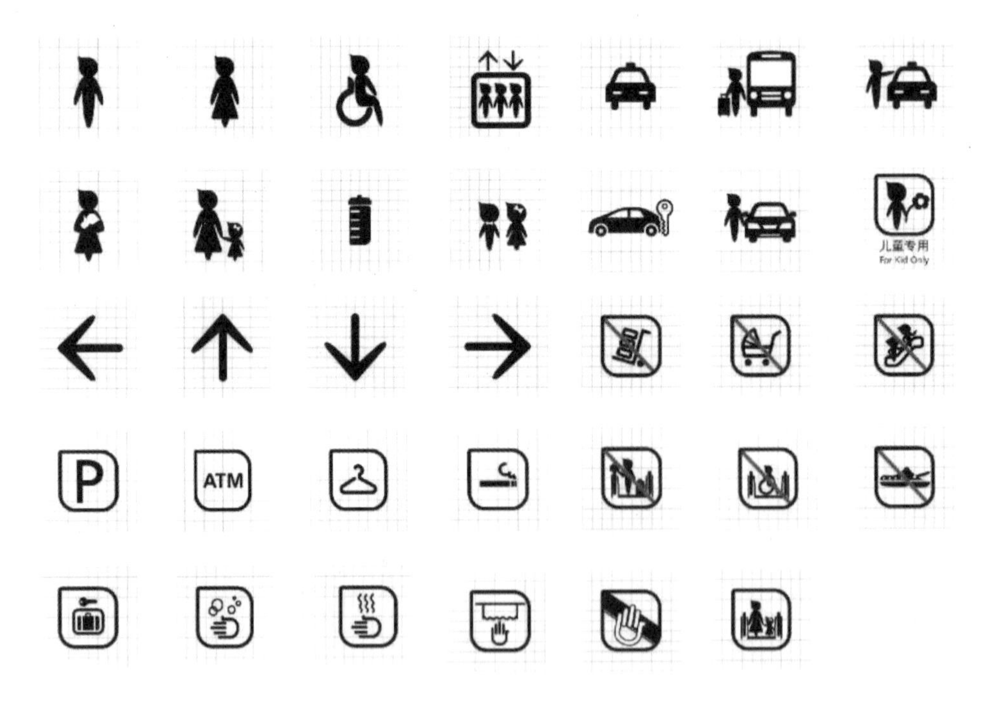

图 5-17 室内视觉导向设计

3. 商业空间导视系统设计的特征

（1）连续性。

商业空间导视系统是商家整体形象的一部分，其色彩、标识、字体、图形等设计元素应与商业空间的整体形象保持一定的连续性和统一性，如图 5-18 所示。

图 5-18 视觉导向设计的连续性

（2）复杂性。

商业空间导视系统往往处于琳琅满目的商品和色彩绚丽的广告中，导视系统想要有效地传达信息，不仅要融入环境中，成为环境的一部分，还应在环境中脱颖而出。因此，商业空间导视系统的复杂程度远远大于其他单项导向系统。如图 5-19 所示为武汉光谷新世界 K11 商业广场视觉导向设计。

（3）适应性。

商业空间导视系统的主要功能是导引方向，有效辅助环境动线，使空间内的人流有序可控，避免商业死角，但商业信息和商业空间等却常常需要调整或变化，因此商业空间导视系统的设计应具备一定的适应性。

4. 商业空间导视系统设计的分类

按区域分类，商业空间导视系统设计可分为商业空间内部导视系统设计和停车场导视系统设计。

（1）商业空间内部导视系统设计。

商业空间内部环境是人们聚集的中心和从事主要商业活动的场所。现代商业购物中心和商业街的快速发展，在丰富商业内容和带来便利的同时，也增加了顾客对环境认知的难度。集购物、娱乐、办公、观光等于一体的商业综合环境，常常呈现迷宫般的空间组合。因此，直接、快速、准确地到达自己所希望的目的地是相当一部分顾客的愿望。同时，消防也是重要的一项，在商业空间导视系统设计中要体现出来。如图 5-20 所示为保利广场内部导视系统设计。

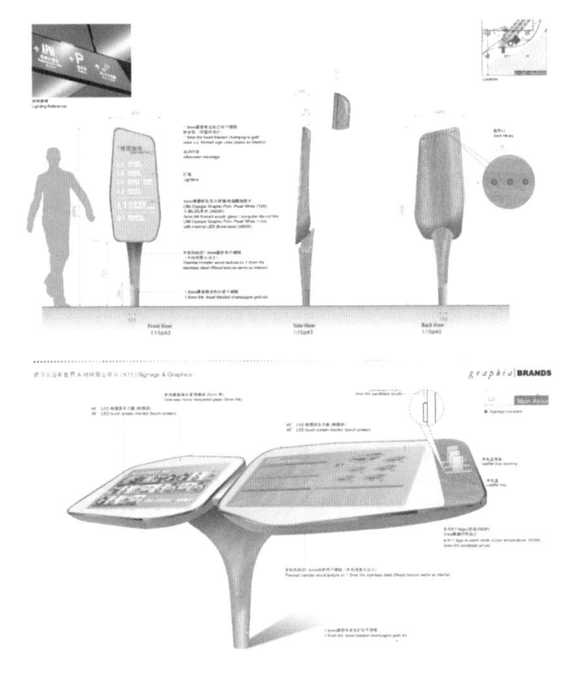

图 5-19 武汉光谷新世界 K11 商业广场视觉导向设计

图 5-20 保利广场内部导视系统设计

（2）停车场导视系统设计。

对内部停车的指引包括机动车及自行车车场引导、计程车等候区、车辆导行方向、停车场出入口、空位及满位标示、车辆行驶指南、收费处、高度限制、出入警告系统、车位牌号、行人注意告示等，另外还有后场货物入口和防灾用的禁烟、应急疏散通道等指引标识，如图 5-21 所示。

5. 商业空间导视系统设计的流程

（1）调研商业环境和布局，搜集需要的信息资料。

（2）对购物人群进行定位和行为心理分析。

（3）分析企业文化和品牌形象，提取相关设计元素。

（4）规划商业导向系统，并依据规划进行导向设计。

无论是由外而入，还是由内而出，商业环境导视系统设计均要做到指引的信息清晰易懂、一目了然。

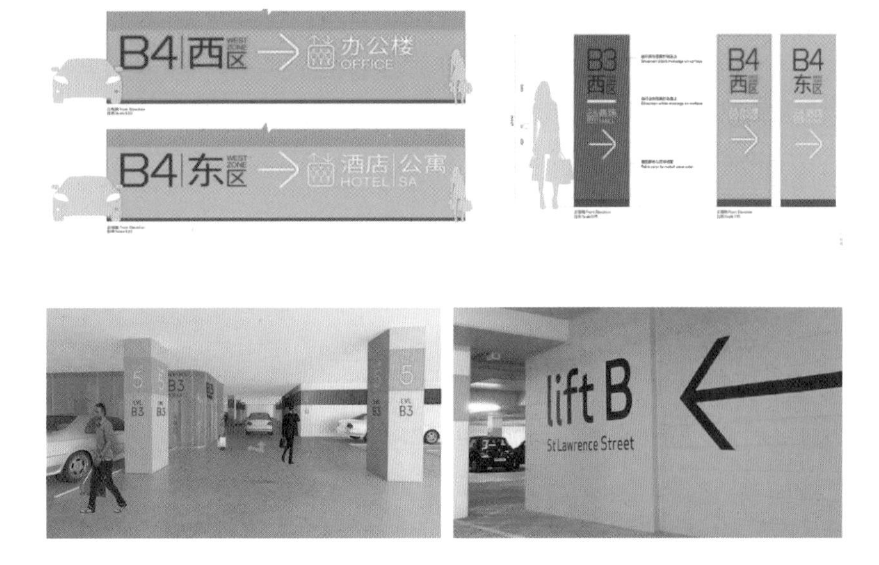

图 5-21 成都星汇广场停车场导视系统设计

三、学习任务小结

通过本次任务的学习，同学们对商业空间导视系统设计有了初步的了解，重点了解了视觉导向设计的相关内容，为今后的商业空间导视系统设计提供了参考。课后，同学们要多观察商业空间导视系统设计，提升自己的设计应用能力。

四、课后作业

调研周边的商业圈，对其导视系统进行拍照、存底并汇总。

商业空间平面版面编排设计

教学目标

（1）专业能力：了解商业空间平面版面编排设计的内容，能够把平面版面编排设计知识应用到商业空间设计项目中。

（2）社会能力：提高学生平面设计能力和逻辑思维能力。

（3）方法能力：培养学生综合设计能力和设计创新能力。

学习目标

（1）知识目标：了解商业空间平面版面编排设计的基本内容。

（2）技能目标：能根据商业空间的功能需求进行平面版面编排设计。

（3）素质目标：培养严谨、细致的学习习惯，提高综合设计能力和设计创新能力。

教学建议

1. 教师活动

教师通过分析和讲解商业空间平面版面编排设计的基本内容、原则，培养学生的设计实践能力。

2. 学生活动

认真领会和学习平面版面编排设计的基本内容，能创新性地进行商业空间平面版面编排设计。

一、学习问题导入

商业活动的信息传达除了立体的商业空间之外，还有以二维平面设计形式为主的单体版面的连续和组合设计。平面版面设计的内容包括文字、图片、图形、插图等。在商业活动中，版面的规格有统一的标准，设计师应在总体设计的要求下，对版面的色彩、图形、文字等做统一安排。版面编排是平面设计过程中的关键环节。

商业空间设计中的二维设计和三维设计有着密切的联系，我们通常把有长、宽、高的立体形态设计称为三维设计，而将平面、扁平的形态设计称为二维设计。平面版面编排作为现代平面设计中的一种形式，已经成为视觉传达的公共语言。平面版面编排设计与空间设计的完美统一是商业空间设计实现有效传达与传播的必要条件。如图 5-22 所示是日本埼玉市铁道博物馆的设计，展板介绍中方正、纤细的字体与简洁的图形设计简化了复杂的展览空间。

图 5-22 日本埼玉市铁道博物馆

二、学习任务讲解

1. 平面版面编排设计的内容

版面编排设计又称版式设计、版面设计、排版设计，它是视觉传达的重要手段，也是一种具有艺术风格和艺术特色的视觉传达方式。版面编排设计是平面设计的一大分支，是在有限的版面空间内根据内容、目标、功能、系统的要求，将版面的构成要素，如图片、文字、图形和色彩等，根据视觉方式和版面的需要有组织、有秩序地进行编排组合，以达到传达信息、吸引读者、帮助读者快速获取信息的目的。

商业空间设计中的平面版面编排设计包括三个部分，即展板版面编排设计、说明牌编排设计和招贴（海报）版面设计。如图 5-23 所示的青岛万象城 Mixc“黑豹主场”街头球场，使用涂鸦风格的图案和文字进行版面编排设计。

图 5-23 青岛万象城 Mixc“黑豹主场”街头球场

（1）展板版面编排设计。

展板版面编排是一个系统的设计，展板作为一种宣传载体，对其内容进行合理的编排与设计，会起到很好的宣传效果。很多企业对展板版面编排设计十分重视，意图通过这种设计达到宣传效果。展板在商业活动中的目的如下：①展板版面可以体现出品牌形象信息，也能使顾客快捷地接收到品牌文化和服务；②展板版面可以向客户展示产品外观以外更深的内涵，展示、解说产品亮点。

展板版面编排设计要求如下。

①尺寸：展板常用喷绘出图，纸张标准尺寸以“开”为单位，如全开（正度）尺寸为 787 mm×1092 mm，由于现代喷绘技术较为先进，可以满足超大尺寸的输出，最大宽度 3 m 长度。KT 板的标准尺寸一般为 90cm×240cm 或 120cm×240cm。在制作展板的时候要尽量选用这种标准版的比例进行制作，一是避免浪费材料，二是减少裁剪时间。喷绘图像尺寸大小和实际要求的画面大小是一样的，它与印刷不同，不需要留出血部分。

②分辨率。

展板版面编排设计一般使用图形、图像软件进行制作，如 Photoshop、Illustrator、CorelDraw 等，输出分辨率一般在 72dpi 以上，最好的区间是 100 ~ 300dpi。分辨率越高，图像越清晰；分辨率越低，展示板上的信息越模糊。展示板上的图像颜色最好采用 CMYK 颜色模式进行制作。

展板版面编排设计案例如图 5-24 所示。图为司小禾舟山旗舰店及其展板版面编排设计。

图 5-24 司小禾舟山旗舰店及其展板版面编排设计

（2）说明牌编排设计。

繁华的商业空间里总是陈列着琳琅满目的商品，客户在选购商品时常常会看到旁边放着一本册子或一个牌子，即说明牌。说明牌在商业空间中不可缺少，其最初作为博物馆展签附属于展品上，以向公众解说展品的属性。随着社会的发展，说明牌在商业空间中得以应用，跟随商品向顾客展示商品的相关信息，通常包括产地、名称、尺寸、材质、性能等相关内容。说明牌通常摆放在展柜内，也可以粘贴在墙上，还可以独立设置说明牌。说明牌的形状、大小、色彩以及具体的排版都非常考究，需要进行精心的设计。

在样式方面，说明牌种类繁多，有装订成册的、装裱成框的、单页的、折页的、电子屏显示的等。如餐厅的餐牌就是说明牌的一种，也可以称为“点餐说明书”；手表、首饰等体积较小的商品说明牌设计得精美雅致（图 5-25），汽车、家具、电器等体积较大的商品说明牌设计得大方气派。

（3）招贴（海报）版面设计。

海报（poster）又称“招贴”，是一种在户外（如马路、码头、车站、机场、运动场）或其他公共场所张贴的速看广告。海报的尺寸比一般报纸广告或杂志广告大，从远处就可以吸人注目，因此在宣传媒介中占有很重要的位置。海报的使用范围很广，可用于商品展览、书展、音乐会、戏剧、运动会、时装表演、电影、旅游、慈善或其他专题性的事物的宣传。

海报最直接的目的是吸引观众。在设计海报之前，要思考如何去传达要表达的内容，如何使观众停下来细读海报的内文最有效的方法是“新颖”两个字。一般人的心理都是好奇的，只有新鲜、奇异或刺激的事物才能引起观众的注意。因此，设计海报的首要工作就是“造形”。在本质上，海报上的图案是属于装饰性艺术，唯有解决了“造形”才能作其他构图设计。海报设计的原则如下。

①单纯：形象和色彩必须简单明了。

②统一：海报的造型与色彩必须和谐，要具有统一的协调效果。

③均衡：整个画面须要具有力量感与艺术效果。

④销售重点：海报的构成要素必须化繁为简，尽量挑选重点来表现。

⑤惊奇：海报无论在形式上或内容上都要出奇创新，具有明显的惊奇效果。

⑥技能：海报设计需要有高水准的表现技巧，无论绘制或印刷都不可忽视技能性的表现 。

如图 5-26 所示为北京常营的一家商场电影院，其海报设计风格现代且具有流线感，张贴位置醒目。

图 5-25 劳力士北京 SKP 专卖店

图 5-26 商场电影院海报设计

2. 平面版面编排设计的基本原则

平面版面编排设计是由既统一又具有独特艺术个性的单体版面的连续与组合构成的。在商业空间中，平面版面编排设计的张贴位置一般为展板、墙面、展柜等立式界面。平面版面编排设计是依照视觉信息的既有要素与媒介要素进行的一种组织构造性设计，是根据文字、图像、图形、符号、色彩、尺度、空间等元素和特定的信息，按照美感原则和人的阅读规律进行组织、构成和排版的。版面编排设计的最终目的在于使内容清晰、有条理、主次分明，具有一定的逻辑性，以促使视觉信息快速、准确、清晰地表达和传播。

（1）轻重有序。

根据版面编排设计的内容和主题要求，分门别类地整理出不同的层面，如主副标题、标语、说明文字、图片等，如图 5-27 所示。

（2）形质统一。

版面编排设计不仅要注意所传达内容的准确性，也要考虑版式风格与所传达内容的对应性或适应性，做到内容和形式的统一，如图 5-28 所示。

图 5-27 连锁家居品牌 one idea 畹町专卖店入口处，版面编排以品牌形象为视觉重点，主次有序

图 5-28 火山兔米线的品牌形象的应用在形式和内容上都非常统一完整，识别度强

（3）创新新颖。

商业空间版面排版的创新体现在主题立意、素材选取、构图布局三个方面。在版面设计上要能发掘与主题相关的最新、最有特色的内涵，以及其中隐含的更新、更有意义的设计元素，再把这些内涵和元素用独特的构图编排到版面设计中。如雀是餐厅的平面编排设计标新立异，使用了“麻雀”形象元素贯穿整个餐饮空间，让人记忆深刻，如图 5-29 所示。

图 5-29　雀是餐厅，平面编排设计标新立异

（4）整体统一。

版面编排设计应有统一的版面形态，统一的空间位置，统一的组合变化手法，统一的材质和工艺，统一的照明和色彩关系等，从而强化视觉力度或版面的整体吸引力，避免版面琐碎无序，杂乱无章。如图 5-30 所示为。

图 5-30 SEVENBUS 西安大悦城设计

三、学习任务小结

通过本次任务的学习，同学们初步了解了商业空间中平面版面编排设计的基本内容和原则。教师对平面版面编排设计案例的分析与讲解，开拓了同学们的设计视野，提升了商业空间平面设计系统的深层次认识。课后，大家要多收集相关的商业空间平面版面编排设计案例，形成资料库，为今后从事商业空间设计积累素材和经验。

四、课后作业

每位同学收集 5 套平面版面编排设计案例，并制作成 PPT 进行展示。

项目六

商业空间的策划与塑造

商业空间设计的主题与意境

教学目标

（1）专业能力：了解商业空间设计的创意与主题，能够针对不同主题的商业空间进行意境营造。

（2）社会能力：关注商业空间设计的发展趋势，收集不同主题的商业空间图片。

（3）方法能力：培养学生的设计创新能力、资料归纳能力。

学习目标

（1）知识目标：了解商业空间设计的主题定位，掌握商业空间设计的形式创意。

（2）技能目标：能结合商业空间的设计要求进行主题创作和意境营造。

（3）素质目标：具备一定的商业空间设计创新、创意能力。

教学建议

1. 教师活动

（1）教师前期收集优秀商业空间设计作品并进行展示和讲解，让学生感受优秀的商业空间带来的视觉效果，品读作品中的设计意境，进而了解商业空间主题设计的方法。

（2）遵循以教师为主导、以学生为主体的原则，采用案例分析法和实地考察法进行教学，调动学生积极性，提高学生的商业空间设计能力。

2. 学生活动

（1）学生认真学习，了解不同主题的商业空间的设计主题和美学特征。

（2）学生根据设计任务书分析任务要求，并进行商业空间设计实践。

一、学习问题导入

各位同学，大家好！近几年，随着娱乐方式的转变和高科技产品的问世，以往扁平化、低互动性的艺术形式逐渐走向没落。将设计、艺术、科技三者相结合，以增强互动性为核心的沉浸式体验已经成为一种风潮。设计师开始利用新媒体技术与观者产生互动，通过科技手段营造空间的氛围。如图 6-1 所示，在日本的一个商业空间中设立了专为儿童打造的未来游乐园，孩子们可以用自己的双手去创造一个无边界的想象空间。孩子绘制的人物、动物、植物等一切景物都将在眼前的数位空间中活动起来，孩子们可以体会到自己的创作在现场幻化成艺术作品的乐趣与成就感，也是一次难得的儿童与成人的互动体验。如图 6-2 所示，在英国的米尔顿凯恩斯小镇上，安装了一个互动式的虚拟现实装置，名字叫作“魔法地毯”。游客们可以在这万花筒般的地毯上自由行走，地毯的图案会随着游客的走动而发生变化。

大家会发现，以上两个案例将设计、艺术、科技三者结合，在商业空间中创造了更多的可能性，让空间增添了灵气。本次课我们就一起来学习商业空间的主题与意境。

图 6-1 日本商场为儿童打造的未来游乐园

图 6-2 英国米尔顿凯恩斯小镇的“魔法地毯”

二、学习任务讲解

（一）商业空间设计的创意与主题

设计创意是商业空间设计的关键因素，一个优秀的创意能够正确指引整个方案的设计过程。而设计主题是体现创意优劣的中心环节，商业空间设计和其他视觉设计一样，需要确立一个明确的主题。主题内容应清晰、生动，能够有效地宣传商业空间所展示的商品，更易打动人心。

1. 明确设计目标及主题定位

商业空间设计的主题定位包括两方面：一是商家原本确定的展示意愿，对此设计师应该结合商品的背景、特征，采取与之相适合的主题设计；另一方面是在确定商业空间的设计目标后对整体设计概念的定位。在这个过程中，设计师要进行头脑风暴，产生一个甚至多个设计想法或灵感，再对这些设计概念进行整合，提取设计重点，明确方向，最终形成完整的设计理念。

北京望京商业广场及办公大堂设计项目，主题定为北京老街巷的城市记忆，元素提取了胡同印象。传统的胡同采用青砖墙体，墙面砖对缝，工艺考究。窗户采用方窗，呈现不同的窗格花纹。同时，提取屋檐结构的装饰作为设计语言运用其中，如图 6-3 所示。

图 6-3 北京望京商业广场及办公大堂设计

2. 同一主题的不同表达方式

一个良好的创意主题可以吸引更多的消费者，围绕着同一个设计主题还能够进行不同的表达，比如功能性表达、环境性表达、文化性表达等。因此，在同一个商业空间设计主题中，表达的方式并不是单一存在的，通常是不同的设计表达在同时起作用。

3. 同一主题的不同视觉效果

商业空间设计主题可以由同一主题的不同设计形式体现出来，这些设计形式具备系统性和协调性，表现共同的设计理念，以求设计概念的完整。在商业空间设计中，为了突出设计主题的重点和亮点，需要通过简化设计主题的结构形成设计理念，创造出不同的视觉效果，引发消费者关注。

一般情况下，商业空间设计都是以平行的视角进行的，但是如果突破常规视角的约束，就会让顾客产生一定的新奇感。比如从展位的上层俯视下层的商品所呈现的视觉效果，或者用悬挂的方式展示商品，都可以让顾客从不同的角度去观察商品。设计中需要依据主题通过多视角来确定视觉焦点，可提高陈列空间的层次性。对于视觉焦点的处理，可以利用独特的色彩、图形、材质、工艺来营造，也可通过背景的弱化和其他次要展示信息的衬托来实现。

4. 对概念性主题的再创造

商业空间设计概念的确定为设计确立了指导思想，这需要设计者根据设计主题和设计内容，将设计概念进行提炼，从最初的概念逻辑思维转化为创新形象思维，从原始理念飞跃到创新意向，将新意向创意思维作为商业空间设计的依据。

（二）商业空间设计内容与形式创意

商业空间设计的内容与形式紧密联系、相互依存，共同影响着商业空间的艺术效果。只注重形式表现，会使形式与内容脱离；只注重内容传达，则缺乏设计创意和吸引力。

1. 内容与形式的关系

商业空间的内容决定表现形式和设计意向。商业空间设计的根本目的是传递商品信息。设计者通过合理规划两者之间的关系，使其相互配合，共同发挥作用，让消费者获得准确的商品信息。

设计师接受任务后，首先应根据客户提供的信息分析、确定需要展示的商品内容，并结合场地现状进行创意构思。这时头脑中存在的只是一些抽象状态的概念、意图和想法。选择采取何种具体表现形式，达到最好的设计意图，这是一个由内容向形式转化的过程。商业空间展示设计的内容对表现形式的选择产生影响并形成创作指导，设计思维是两者联系的关键。

商业空间设计与所表现的商品信息的契合度决定着消费者的观览效果，表现形式影响顾客对商业空间的第一视觉印象。成功的商业空间设计是形式与内容升华和再创造的体现，从内容升华而产生的形式可以使形式和内容形成最优化组合。但若只从形式入手，形式过于喧宾夺主或过于机械地适应内容，必然导致形式不能充分反映商品信息，很难达到最优的宣传效果。

2. 内容与形式创意的具体方法

设计师通过空间造型、色彩、材料等方面的巧妙处理，营造出独特的商业氛围，使观览者在精神愉悦地感受空间魅力的同时，能够轻松获取并接收商品信息。创意理念的产生需要借助一定的方法，这种方法不仅能确保概念与主题的统一，形式与内容的统一，同时它还能为宜人空间的创造和信息的有效传播提供保障。因此，了解并掌握一定的创意方法将有助于商业空间环境的创造。

3. 基于内容的创意方法

基于内容的创意方法是指在创作构思过程中紧密围绕一个鲜明的主题展开的创意方法。顾客因商业空间设计的视觉外在形象，领悟到某种内涵，从而产生消费，了解该产品。

（1）直接展示。

直接展示的应用对象是商品本身，将道具背景减少到最小程度，无须过多的装饰语言，充分展现展品本身的形态、质感、样式等。这种直接展示的方法是一种自然的写实表现，可以达到直接、迅速的表达效果。运用单纯的布局彰显品牌简洁、统一、冷静、沉着的特性，使其在大众心中留下优雅的印象。

观察是直接展示的第一要素。观察一件商品可以从不同的角度出发，视点的改变会影响视觉效果，故在直接展示商品时，应根据展台或或展柜的高低、大小、景深等将最佳的视点提供给消费者。

在直接展示的创意中，灯光的使用是展示的重要手段。产品的质感能够打动人心，吸引消费者，而质感的表现则需要光的协助，通常利用灯光照射产生不同的空间背景来烘托商品主体，使商品的视觉效果更加合理。另外，还要注意主体与陪衬的关系，不可喧宾夺主。

（2）设置情节。

情节是根据一个主题构造出来的生动环境，能使观者有“身临其境”之感，从而可以更好地参与主题情节。商业空间设计要求情节内容精炼、明确，设计语言简洁、概括，达到此处无声胜有声的艺术效果。

设置情节要求主题构思与产品有某种主观联系，观者观赏这些商业空间能产生认同感，从而将自己代入情节，不知不觉地去体验、使用这些商品。例如万科苏州印象城 B1 层商业改造设计中的儿童社交活动区，将儿童乐园中的太空舱、摇摇车、人造草地设置在商场中，吸引儿童游玩，同时带动成年人进场消费，如图 6-4 所示。

（3）寓意表现。

寓意表现手法最突出的特点是将设计重点放在艺术形象上，要求形象和主题有内在的联系，通过大胆想象，寻找艺术形象与主题之间的共同点，具有寓意的形态或情节使消费者产生心灵上的共鸣，在欣赏艺术形象的过程中进一步加深对商品的印象。如图 6-5 和图 7-6 所示是某商业空间设计中公共设施与装饰墙面、地面的设计元素应用。

图 6-4 万科苏州印象城 B1 层商业改造效果图

图 6-5 商业空间设计中的元素提取

图 6-6 商业空间设计中的元素应用

（4）追求自然。

图 6-7 中洲上沙商业空间设计

当现代工业材料充斥于人们生活和工作的各个角落时，人们开始热衷于追求原生态和本真的自然环境。将自然元素或自然场景借用到商业空间中，创造亲近自然的风格，是目前商业空间设计中的一个重要设计理念。自然风格的设计可以通过两种设计手法来实现：一是自然元素的借用，即在商业空间设计时直接借用自然界中的沙、石、树、木、水、草等元素作为展示道具或陈设品来装饰空间环境；二是自然场景营造，即在营造自然场景时，可以将自然界的原有材料进行再加工处理，改变其存在方式或组合形式，为商业空间设计服务。例如中洲上沙商业空间设计时利用阶梯式的绿植营造休闲的氛围，如图 6-7 所示；新加坡某商业空间设计时利用自然场景营造绿色森林的氛围，如图 6-8 所示。

图 6-8 新加坡某商业空间设计

（5）展现地域文化。

展现地域文化即依据商业展示的主题或内容，从地域文化中发掘、提取有用的元素进行设计重现，创造出富有地域文化内涵的空间形式。对商业空间设计而言，需要挖掘企业文化，将其与地域文化结合，并转化为空间视觉设计要素。

展现地域文化常用的设计手法有两种。一是借用地域符号，即借用某种地域元素符号表达相关的主题。一般将具有地域性特征的文化符号、装饰元素直接或间接地运用到展示空间，以突显其地域特色。二是选用典型的地域元素，如选用典型性的地域文化或景观元素，采用抽象、概括等手法将其运用到商业空间展示设计中，增强其信息的识别性和认知性。例如济南万象城商业空间设计中，以“泉城”济南最著名的景点趵突泉为设计主题，在设计元素上体现动态的泉涌效果，隐喻泉文化这个地域文化特色，打造了名泉造型，如图 6-9 所示。

图 6-9　济南万象城商场设计

（6）抽象构成。

商业空间设计的抽象构成是对某些具体形象运用科学秩序、形式法则等手段进行意象化处理，使之转化成一种“有意味的非常态形式”的过程。抽象艺术的表现形式可以分为三大类。

一是简洁化的抽象，即对自然形象经过提炼、归纳，以概念性、象征性的图形来塑造简洁、概括的表现形象。用这种抽象的形象组织画面时，要着重表现节奏、条理及比例协调的形式美。

二是几何形的抽象，即以点、线、面为造型元素，运用方、圆等几何形作为图样构成的基本式，进行穿插、重叠、并列等有节奏的秩序编排，形成近似、渐变、放射、变异等富于美感的抽象几何形图案。以这种表现形式设计商业空间展示背景装饰纹样，具有简洁、醒目并富于现代感的视觉效果，常运用在个性化较强的商品空间陈列装饰中。

三是夸张幽默表现，即商业空间所展示的商品或道具按照人的标准身高和常规视平线高度进行设计，让陈列空间具有普适性美感。为形成强烈的视觉冲击力，在商业空间展示设计中有时也会打破常规的人体工程学尺寸进行放大或缩小设计。或运用夸张的形式来进行陈列设计，让消费者耳目一新，产生奇特的心理感受，增强空间的艺术效果。幽默表现是从反向中寻求突破，形成一种打破常规的幽默表现形式，引导人们冲破传统思维的束缚，以别具一格的方式进行大胆想象，产生别样的艺术感受。如图 6-10 和图 6-11 所示为济南聚隆广场的设计，其中空间的装饰和地面的拼花分别柳、湖为元素进行设计。

图 6-10 济南聚隆广场柳元素设计

图 6-11 济南聚隆广场湖元素设计

4. 基于形式的创意方法

（1）常态改变。

常态改变即打破常规，颠覆人的视觉和审美规律，满足人的猎奇心理。这种方法追求变化，所创造的空间不是追求优美和协调，而是创造惊奇和震撼。这种方法创造的商业空间会给人留下深刻的印象，信息传达更加深刻。这种方法常通过空间结构或类型的非常规处理，结合空间光线、色彩变化以及非常规材料的选用等构成特殊的商业空间氛围。

（2）疏密变化。

疏密变化即在商业空间设计中通过形态、结构、造型、展品陈列等的疏密对比处理，创造出富有节奏的空间形态和氛围的方法。疏密是产生对比的重要方法，也是产生空间张弛变化的重要手段。

（3）明暗与光影。

光能塑造空间品质，明暗光影的变化不仅创造了梦幻般的空间效果，还可以创造一定的美感形式。在商业空间设计中可以有意识地借助光的变化营造氛围，让光变成一种传情达意的具有形式美感的语言。在商业空间设计中，光影明暗的变化与布光的方式和角度有关，不同的布光角度能产生不同的光影美感，可以通过对光的重复排列、组织以及光色的节奏变化来实现商业空间设计中的形式美感处理。例如深圳中洲滨海商业中心项目设计中，商业定位为代表着深圳精神、充满设计感和科技感的复合化商业社交空间。在主入口设计了犹如晨曦透过迷雾照射着森林的意境，将斑驳的树影以不规则的蜂巢形式呈现，将艺术、时尚、科技三者结合。前庭天花设计利用凹凸有致的方块将明暗与光影相结合，创造出别样的空间效果，犹如一块大型的活字印刷版，如图 6-12 所示。

（三）商业空间概念设计

1. 商业空间概念设计应该注意的问题

商业空间概念设计应该明确消费者对商业建筑及环境的要求，把握设计要点。

图 6-12 深圳中洲滨海商业中心项目设计

（1）尊重使用功能要求。

建筑形态设计不能脱离商业建筑的使用功能或造成使用上的不便。使用功能包括满足商业经营与顾客活动的所有方面。设计师不能因为形态设计上的主观考虑而牺牲功能要求，如过高的台阶会造成顾客行动不便，气派的开敞空间易造成夏日的暴晒等。

（2）尊重环境特征。

环境特征包括建筑所在地的气候、文化、文脉关系、城市设计要求等多种因素。如北方地区冬季气候寒冷，南方地区夏季气候炎热，从保温节能的角度看，北方不宜采用大面积玻璃墙面，南方地区建筑空间应该通透灵活，以加强通风。历史街区的建筑应该注意与历史建筑相协调，例如我国南方传统的骑楼式建筑便充分考虑了南方地区的气候特点，为商业空间环境设计提供了良好的范例。

（3）充分表达商业空间的性格特征。

商业空间的服务对象是广大消费者，这使得商业空间带有强烈的大众气息。在设计中要用真实、合理、科学、合乎逻辑的表达方式使商业空间与环境有机结合，以符合一般审美规律，避免采用太多虚假的装饰。

（4）尊重经济指标。

不同的建筑有着不同的经济指标与投资预算。虽然商业建筑要求表现个性化特征，建筑空间也在向着功能复合化、休闲化发展，但在实际工程设计中，必须考虑建筑的经济指标与投资预算，否则会造成前期投入的增大和后期运营成本的增加。

（5）注重新技术、新材料、新方法、新手段的运用和表现。

随着科学技术的飞速发展，新技术、新材料不断出现，传统的设计手法正在发生变化，商业空间设计也在造型、材料、色彩、照明、智能化、数字化等设计中体现这种变化，这也是设计师们所面临的新课题。

2. 商业空间概念设计案例赏析

杭州传化美食花园商业空间设计以现代、简约、时尚为设计风格，将点、线、面等抽象元素大量运用于装饰界面设计，创造出新颖、独特的空间效果。室内空间将自然光巧妙地引入室内，结合人工照明，让室内空间清晰、明亮。室内色彩以白色、木色和绿色为主调，显得清新、明快。抽象的造型元素让空间的界面装饰更具

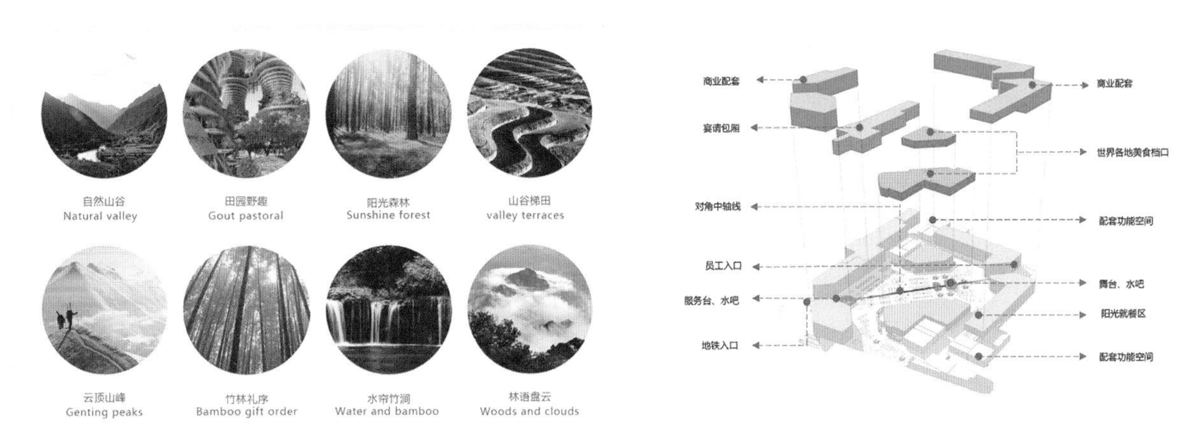

图 6-13 设计灵感元素

图 6-14 区域分析

图 6-15 标识系统设计

图 6-16 绿化设计

图 6-17 采光设计

图 6-18 公共区域设计

图 6-19 通道设计

图 6-20 就餐区设计 1

图 6-21 就餐区设计 2

现代主义风格的抽象美感。杭州传化美食花园商业空间概念设计如图 6-13 ~图 6-21 所示。

三、学习任务小结

通过本次任务的学习，同学们对商业空间的主题创作和意境营造有了初步认识。同学们通过赏析商业空间设计案例，了解了商业空间的创作思路和设计方法。课后，大家可以到商业空间参观、考察，并结合课堂学习的知识，加深认识，提升自己的实操能力和审美素养。

四、课后作业

实地调研已建成的商业项目，结合本次任务所学的内容，对商业空间的设计主题进行分析，并制作成 PPT 进行分享。

商业业态与空间形态

教学目标

（1）专业能力：了解常见商业业态的空间形态，能进行不同商业业态的空间设计规划。

（2）社会能力：培养学生严谨、细致的学习习惯，提升学生团队合作的能力。

（3）方法能力：培养学生的设计思维能力和设计创新能力。

学习目标

（1）知识目标：了解不同商业业态的空间形态及布局设计。

（2）技能目标：能对不同商业业态的空间进行设计规划。

（3）素质目标：培养严谨、细致的学习习惯，提高个人审美能力和设计创新能力。

教学建议

1. 教师活动

教师通过分析和讲解几种不同商业业态的空间形态及其布局设计，培养学生的商业空间设计能力。

2. 学生活动

认真领会和学习不同商业业态的空间形态及布局设计，收集生活中常见商业空间设计的案例，分析案例中的空间设计手法。

一、学习问题导入

各位同学，大家好！今天我们学习几种常见的商业业态的空间形态及布局设计。商业业态也称作零售业态，是指零售业的经营形态或销售形式，同时也是零售业长期演化和革命性变革的结果。根据经营活动中不同要素（如选址、规模、店铺设施、商品策略、价格策略、销售技术手段以及提供附加服务等）的不同组合，来区别不同的业态。不同的经营形态和销售形式构成不同的商业业态。

二、学习任务讲解

随着现代商品经济快速发展，商品种类的日渐丰富，消费者对商业服务的要求日益提高，商业业态呈现多样化发展趋势。现代商业空间按商业业态不同分为购物空间、餐饮空间、服务空间、休闲娱乐空间等。

（一）购物空间

购物空间通常按建筑的规模分为商业街、商业中心、超级市场、专卖店等；按销售形式分为开架式销售商场、闭架式销售商场、综合型（开、闭架结合）销售商场等。另外还有新出现的商业业态，如主题化商业空间、体验馆等商业和文化相结合的商业业态。

1. 购物空间的常见分类

（1）超级市场。

超级市场始于 20 世纪 70 年代的美国，很快风靡世界。它使售货形式由柜台式售货发展成开架自选式售货，让顾客购物更自由，从而扩大了商业机能。超级市场经过多年发展，由大规模向灵活、方便的小规模经营转变，并渗入居民小区和各类生活区，日渐形成众多连锁经营的自选商店，为人们提供日常生活常用的食品、酒水、日用品等，甚至 24 小时营业。有一些超级市场还发展成了全国性连锁店，如图 6-22 所示。

图 6-22 超级市场

（2）专卖店。

专卖店指专一经营某类行业相关产品的商店，一般选址于繁华商业区、商店街、百货商店及购物中心，主要分为同类商品专卖店及品牌商品专卖店，如图 6-23 所示。

（3）百货商店。

百货商店最早产生于巴黎，一般位于城市中心，是以经营日用商品为主的综合性零食商店，商品种类多样，店内除设置营业厅外，同时须配备仓库、管理区等。现代百货商店已突破传统模式，呈现经营内容多样化和经营方式灵活化的特点，如图 6-24 所示。

（4）购物中心。

购物中心即“shopping mall”，简称“mall”，诞生于 20 世纪 60 年代的美国。现代商业空间中购物中心是目前零食业发展历程中最先进、最高级的复合型商业形态，具有占地面积大、建筑规模大、行业商铺多、功能种类多等特点，是满足多元消费需求的多功能综合性商业中心。如国内著名连锁购物中心品牌万达广场即典型的大型购物中心，如图 6-25 所示。

（5）商业连锁店。

商业连锁店诞生于 20 世纪 20 年代美国，指众多分散且经营同一品牌商品和服务的零售商店，借助于通信和运输等介质，在总部的统一领导下从事经营活动的商业形式。连锁店采用统一的企业形象、设计风格、经营理念、营销方式、业务模式和服务标准，实行总部商品集中派送和分店商品分散销售相结合销售模式，通过规范化的经营形式实现商业利益，如图 6-26 所示。

（6）商业街。

商业街是指某区域内集休闲、购物、娱乐于一体的综合性商业街区，主要分为入口空间、街道空间、店中店、游戏空间、展示空间、附属空间与设施等，如图 6-27 所示。

图 6-23 化装品专卖店及药品专卖店

图 6-24 国外百货商店

图 6-25 大型购物中心

图 6-26 国际著名品牌的商业连锁店

图 6-27 综合性商业街

2. 购物空间的空间形态及布局设计

购物空间的空间形态及布局设计按功能分区可划分为直接营业区和间接营业区。直接营业区是直接面向顾客、服务顾客的区域，包括销售区、服务区等；间接营业区是辅助直接营业区的，是与商品、工作人员设施管理相关联的区域，主要包括储藏区、管理区、休息区、卫生间等，复合型商场还包括中庭、休闲娱乐区和停车场等。下面按引导区、销售区、服务区、辅助区四大功能区域来分析购物空间的空间形态及布局设计。

（1）引导区。

购物空间的入口、外立面、橱窗等通常视为引导区。

①入口。

购物空间的入口往往设置在人流汇集处，是吸引客流的第一空间。入口区的设计应该通透敞亮，利用光线、色彩、形象等设计吸引顾客驻足和进入。购物空间的入口往往与主要道路交通相连接以引流，比如与地铁出入口、天桥、步行街等相连。购物空间入口处设计如图 6-28 所示。

图 6-28 购物空间入口处设计

②外立面。

购物空间的外立面是顾客产生第一印象之处，设计时应该综合考虑外部整体环境景观、地域文化和特色、历史文脉以及购物空间的文化定位等。外立面造型设计具体应从比例尺度、造型与结构、墙面与门窗的虚实对比、光影效果、色彩及材质等方面进行。因外立面长期暴露在外，所用材料必须具有防水、抗冻、耐紫外线、耐酸碱性等耐候性能。常用的外立面装饰材料有防火板、铝塑板、陶瓷面板、玻璃制品、花岗岩等。外立面的照明须突出灯光效果以烘托良好的购物氛围，除了采用泛光照明作为整体照明，还应加入轮廓照明以突出建筑物和立面外轮廓，加入重点照明以突出橱窗、广告招牌等重点位置。购物空间外立面设计如图 6-29 所示。

③橱窗。

橱窗是购物空间展示商品和经营特色的平台，是商场形象的标志，还是室内外视觉环境沟通的窗口。根据商品展示的需要，橱窗后壁通常设计为独立封闭或与商场内部相连开敞，形成封闭式、半封闭式或开敞式橱窗，如图 6-30 和图 6-31 所示。橱窗的常用参考尺寸为：深度 1000 ~ 2500mm，玻璃高度 2000 ~ 2200mm，橱窗离地高度 300 ~ 600mm。橱窗照明要求有较高的照度，通常采用 300 ~ 500lx，对重点商品通过射灯进行重点照明。

图 6-29 购物空间外立面设计

（2）销售区。

销售区包括货品陈列区和收银台。根据商场不同销售形式，销售区的展架常分为以下几种。

①开架式展架。

开架式展架是最为常见的陈列销售形式，用于超级市场、专卖店、量贩店等，采用让顾客随意挑选的开架经营模式，通常将商品的展示销售与商品存储独立分开。开架式陈列设计的商品摆放分类清晰、购物导向指示明显、展架的陈列动线设计合理，方便客人尽快找到需要购买的商品，如图 6-32 所示。

②闭架式展架。

闭架式展架适用于较贵重的特殊商品的陈列销售，比如珠宝首饰、手表等。展架上部通常采用封闭、透明的防爆玻璃，配置暖光源重点照明，突出商品华丽、高贵的特质；下部一般设计为展品储存柜，如图 6-33 所示。

图 6-30 封闭式、半闭式橱窗设计

图 6-31 开敞式橱窗设计

图 6-32 开架式展架设计

图 6-33 闭架式展架

③综合式展架。

综合式展架是开架式和闭架式展架的结合，常用于综合性商场的化妆品柜台。封闭式展架用于储存、陈列商品，开架式展架用于为顾客提供试用产品，如图 6-34 所示。

④仓储式展架。

这是一种较新的销售陈列形式，常用于大型超级市场、仓储式市场、大件家具商场等购物空间，如图 6-35 所示。

柜台展架的常见布置形式有直线型、斜线型、弧线型。三种布置形式结合建筑物结构、空间设计、所售商品性质来综合交错布置，如直线与斜线结合、直线与弧线结合，以创造出层次多变的空间形式，如图 6-36 所示。

（3）服务区。

服务区通常包括顾客休息区（吸烟区）、洗手间（卫生间）、服务咨询台、VIP 服务台、VIP 休息区及商场垂直交通设施等。休息区通常设置供顾客休憩的沙发或长凳、绿植和景观等，还可根据实际情况配备饮水装置、阅读架等辅助设施。洗手间除男卫、女卫外，在较人性化的商场通常设无障碍卫生间和母婴室。

图 6-34 综合式橱窗设计

图 6-35 仓储式橱窗设计

图 6-36 柜台展架的常见布置形式

商场垂直交通设施指楼梯、电梯、自动扶梯等，通常设在入口醒目处。其设计要求是方便、安全、迅速、省时，另外还要为顾客提供视觉上的流动景观。复合型商场一般较为注重中庭的设计，将中庭作为提供景观、休憩、娱乐和服务指引的综合服务区域。中庭通常包含室内垂直交通设施、休憩座椅、绿植景观、大型装饰装置、视觉导向指示牌等，吸引人们在商场购物过程中驻足，其中优美的景观设计和醒目的装饰装置往往成为吸引人流的集中地，如图 6-37 所示。

（4）辅助区。

辅助区包括商品仓库、管理人员办公室、工作人员更衣室及休息区等，一般设在商场较隐蔽区域，与顾客的动线分开。

图 6-37 复合型商场的服务区及中庭设计效果图

（二）餐饮空间

1. 餐饮空间的常见分类

餐饮空间主要指餐厅、咖啡店、茶馆、饮料店、酒吧等在现场提供餐品及饮品等的商业空间。餐饮空间的功能分区一般包括入口区（前台收银、等候区）、就餐区、厨房区、储藏区、其他辅助区（洗手间等）。餐饮空间常分为以下几类：中餐厅、西餐厅、日式餐厅、特色风味餐厅、快餐厅、自助餐厅、咖啡厅和茶馆、酒吧等。

2. 餐饮空间的空间形态及布局设计

（1）中餐厅。

中餐厅空间布局一般分散座、包间、宴会厅等，散座一般安排在入口处或一楼，包间一般在较隐蔽处及楼上，宴会厅一般为婚宴或酒席专用。中餐厅餐桌常用圆桌设计，通常为 4 人桌、8 人桌、10 人桌等，不采用分餐制，讲究热闹气氛。中餐厅一般结合现代装饰材料，提炼中式传统装饰元素进行设计，如中式家具、中式灯具的设计，并考虑不同地域文化和民族性来进行设计，如图 6-38 所示。

图 6-38 中餐厅设计

（2）西餐厅。

西餐厅平面布局通常采用较为规整的方式。餐桌常采用长方形桌，常分为 2 人桌、4 人桌、6 人桌、多人长桌等。西餐厅设计应适应西餐用餐习俗，在环境设计上注重私密性和情趣，营造安静、典雅、人文的用餐氛围；在照明设计上常采用暖黄的低色温灯光，照度控制在 100 ~ 150 lx；在家具陈设上采用欧式或美式设计，如用壁炉、烛台、西式插花、红酒杯等点缀用餐环境，如图 6-39 所示。

图 6-39 西餐厅设计

（3）日式餐厅。

日式餐厅主要经营日本料理，如寿司和拉面等，其设计遵循日式用餐习惯和生活方式，如座位设计分柜台席、坐席、和式席（席地坐）三种，并在入席处留出放置鞋的位置。和式席的单个席位最小尺寸为 1200mm×1850mm，和式席的餐桌高度为 300 ~ 350mm，桌面宽度为 650 ~ 1000mm，长度为 1200 ~ 1500mm。

日式餐厅设计要点包括：多采用原木风格，材料选择上使用原木、和纸、蒲扇、草席等；常采用几何造型突出空间简约、精致的风格；使用日本和室陈设装饰元素，日式灯笼、日式卷轴字画、日式插花、浮世绘等日本图案来营造日式空间氛围，如图 6-40 所示。

（4）特色风味餐厅。

特色风味餐厅指提供地方特色菜品，具有浓郁地域风情的餐厅，如韩国餐厅、巴西烤肉餐厅、东南亚餐厅、清真餐厅等。特色风味餐厅在设计时要注意满足特色风味制作及用餐需求，如烧烤类要注意油烟排放设计。特色风味餐厅的家具、灯具、陈设、绿植等软装设计要体现地方特色和风格，如图 6-41 所示。

图 6-40 日式餐厅设计

图 6-41 特色风味餐厅设计

（5）快餐厅。

快餐厅是适应现代快节奏生活而产生的提供快捷便利用餐服务的餐厅。在空间设计与布局规划上要充分考虑顾客的安全性和便利性，考虑营业各环节的机能、实用效果等因素。快餐厅动线设计要考虑顾客动线和服务人员动线，通过对动线的合理规划来提高工作效率、提升顾客体验，从而有效提升餐厅的收益。

快餐厅的室内外空间设计从灯光、色彩上营造明朗、轻松、愉快、时尚的氛围，通过明亮的光线、对比强烈或清新明快的色调吸引顾客停留用餐，提高客流量。快餐厅的陈设设计以现代简约、占用空间小、易清洁打理为主，如图 6-42 所示。

（6）自助餐厅。

自助餐厅是为顾客提供自行拿取熟食和自行烹煮食物的餐厅。自助餐厅在空间布局上要注意平面布局的合理性，把餐具、熟食、生食、甜点、饮品、水果等分类放置，食品陈列区域应该设置在餐厅中心位置，以方便顾客取食和工作人员补充菜品。自助餐厅通道设计比一般餐厅宽，方便顾客取食走动，如图 6-43 所示。

图 6-42　快餐厅设计

图 6-43　自助餐厅设计

（7）咖啡厅和茶馆。

咖啡厅和茶馆等属于休闲类餐饮空间，除提供咖啡、茶饮等饮品及餐点等轻食品，还具有为人们提供交往和休闲场所的附加属性。咖啡厅和茶馆的空间设计要注意私密性，座位以单人座、两人座、四人座和六人座为主，座位之间常以屏风、绿植等隔断，来营造私密感。在灯光设计上，多采用低照度、低色温的光源营造温馨雅致的氛围。

在空间陈设装饰上，由于咖啡厅来源于西方生活方式，其空间环境布置以西式的软装饰（如吊灯、留声机、钢琴等）为主；现代快捷连锁咖啡厅则多以咖啡文化元素和时尚文化元素作为装饰要素。茶馆源于中式生活方式，因此空间布局也多贴近中式风格，可将竹、茶道文化等作为软装设计元素。现代茶馆空间设计更趋于年轻化、活力化，偏向更多时尚潮流元素设计。咖啡馆和茶馆设计如图 6-44 所示。

（8）酒吧。

酒吧是具有公共休闲娱乐属性的餐饮空间，分为清吧和闹吧。酒吧的设计要点：设计风格追求个性化和主题化；空间布局灵活多样，分公共空间和私密空间；注重灯光设计，特别是装饰性灯源设计；在私密空间以较低照度营造私密性，在公共空间的视觉中心（如舞池、吧台、吧柜等）则以高照度灯光制造亮点，增加活力和视觉吸引力。酒吧设计如图 6-45 和图 6-46 所示。

图 6-44 咖啡馆和茶馆设计

图 6-45 清吧设计

图 6-46 闹吧设计

（三）服务空间

1. 服务空间的常见分类

服务空间是指为人们的日常生活需求提供特定商业性服务行为的场所，包括提供住宿服务的酒店或民宿空间、提供医疗服务的医疗服务中心等。下面以酒店为例说明。酒店常见分类有商务型酒店、观光型酒店、度假型酒店、经济型酒店等。酒店外观设计如图 6-47 所示。

图 6-47 酒店外观设计

2. 服务空间的空间形态及布局设计

酒店类服务空间的功能空间主要包括大堂、客房、餐饮区、会议展览区、娱乐区、行政后勤区等。

（1）大堂。

大堂属于公共区域，主要由入口区、总服务台、休憩等候区、交通枢纽等几部分组成。大堂作为酒店的门面代表，在设计上应体现酒店的装饰文化特点，大型酒店的大堂往往陈设大型雕塑或水景景观，体现酒店的豪华气派。大堂设计如图 6-48 所示。

（2）客房。

客房是酒店的主体部分，为顾客提供住宿休息服务。客房按等级可分为标准间、高级标准间、商务套房、高级套房、总统套房等。客房所设床位有单人床、双人床、豪华大床。客房的设计要注意风格统一，注重私密性；使用地毯提升空间温馨舒适感；照明设计可采用床头灯、台灯、镜前灯、落地灯、衣柜灯、酒柜灯、过道灯等以满足不同的照明需求，灯光设计要柔和温馨。客房设计如图 6-49 所示。

图 6-48 大堂设计

图 6-49 客房设计

（3）其他服务区域。

酒店作为综合型服务空间，除了提供住宿服务，还可提供康乐活动、娱乐、游泳健身、餐饮、会议等多种服务，如图 6-50 所示。

（四）休闲娱乐空间

1. 休闲娱乐空间的常见分类

休闲娱乐空间是为人们提供休闲、娱乐活动，提供文化、精神生活的商业空间场所，通常分为两类：文化娱乐空间，指影院、歌舞厅、水吧等具有文化娱乐性质的休闲空间；康体休闲空间，包括洗浴、足浴、按摩、健身、美容美体美发等以保健、锻炼为内容的休闲娱乐空间。休闲娱乐空间正朝着多元化、综合化的方向发展。

2. 休闲娱乐空间的空间形态及布局设计

（1）美发沙龙、美容院。

美发沙龙功能分区：洗发区、理发区、染烫区、休息等候区、卫生间、更衣室、收银前台等。单个理发区域最小尺寸为 1880mm × 1340mm，单个洗发区域最小尺寸为 2000mm × 700mm 。美容院主要功能分区有美容室、淋浴房、休息等候区、皮肤检测护理仪器区、收银前台、洗手间等。美容院在空间设计上特别注重私密性，并常以优雅精致的装饰、浪漫个性的家具、柔和的灯光、舒缓的音乐等营造一个让顾客心情愉悦的空间场所。美发沙龙和美容院设计如图 6-51 所示。

图 6-50 酒店的泳池、餐厅、健身房、会议厅等服务区域

图 6-51 美发沙龙和美容院设计

（2）歌舞厅。

歌舞厅形式多样，常见的有 KTV 和夜总会。KTV 以视听娱乐为主，为顾客提供唱跳等娱乐场所。KTV 设计要结合专业音响等视听设备，并注意做好包间的墙面隔声、吸声处理，注意使用防火材料和设计防火通道，在灯光设计上以多变的灯色营造动感氛围。

夜总会一般设舞池、舞台和坐席区。舞池与坐席区可通过凸起或下凹空间的方式，利用地面高低差进行分区，也可通过地面材料分区，或者以围栏隔断的方式分区。舞台常以变化的多色光打造多姿多彩、活力动感的舞台效果。歌舞厅的装饰材料常以金属、玻璃、皮草等来打造梦幻豪华的格调及炫丽的光影效果。KTV 和夜总会设计如图 6-52 所示。

（3）洗浴足浴中心。

洗浴足浴中心功能分区一般有接待大厅、更衣室、洗浴区、休息区、按摩房、美容美发区、健身房、观影娱乐区等，也可配有自助用餐区，是综合休闲康体中心。洗浴足浴中心应注意选择防潮、防滑、防雾材料，做好干湿分离，注意温度和湿度控制。公共空间的各分区空间之间的视觉引导设计应清晰明了，私密空间注意隐密性。洗浴足浴中心设计如图 6-53 所示。

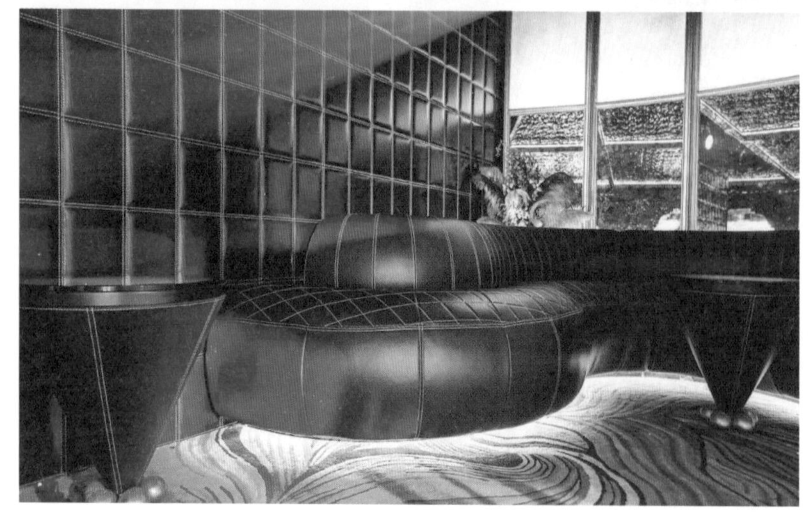

图 6-52 KTV 和夜总会设计

图 6-53 洗浴足浴中心设计

三、学习任务小结

通过本次任务的学习，同学们初步了解了几种常见商业业态的空间形态。教师通过对不同业态和类型的商业空间设计要点的分析与讲解，提升了学生对商业空间设计的认知。课后，同学们要多收集相关商业空间设计的成功案例，提升个人审美能力和设计创新能力。

四、课后作业

每位同学收集10个以上不同业态类型的商业空间设计案例，分析其空间设计要点，并制作成PPT进行分享。

商业空间的策划与塑造

教学目标

（1）专业能力：了解商业空间策划与塑造的方法。

（2）社会能力：培养学生严谨、细致的学习习惯，提升学生团队合作的能力。

（3）方法能力：培养学生的设计思维能力和设计创新能力。

学习目标

（1）知识目标：掌握商业空间策划与塑造技巧。

（2）技能目标：能对不同商业空间进行策划与塑造。

（3）素质目标：培养严谨、细致的学习习惯，提高个人审美能力和设计创新能力。

教学建议

1. 教师活动

教师通过分析和讲解商业空间塑造的方法，培养学生的商业空间设计能力。

2. 学生活动

认真领会和学习商业空间策划与塑造要点，收集商业空间设计案例，掌握商业空间策划与塑造方法。

一、学习问题导入

各位同学，大家好！今天我们一起来学习商业空间策划与塑造的方法。现代商业空间设计不断在艺术性上探索，从造型、光影、色彩、软装、自然环境等方面来塑造商业空间的格调，提升商业空间的艺术吸引力和商业价值。

二、学习任务讲解

（一）商业空间的造型艺术

商业空间的内外部空间造型设计借助艺术化手段提升空间美感。运用点、线、面、体等几何美法则，统一与变化、比例与尺度、节奏与韵律等形式美法则，虚实空间造型手法等实现空间造型艺术美感。

1. 商业空间造型艺术的几何美

点、线、面体是构成的基本要素，商业空间设计通过点、线、面、体符号化的设计语言表现空间造型设计艺术，如图 6-54 所示。

图 6-54 商业空间点、线、面、体的几何造型艺术

2. 商业空间造型艺术的形式美

商业空间造型体现统一与变化、比例与尺度、节奏与韵律等形式美法则，如使用“黄金比例”分割、“黄金螺旋线”、重复的节奏、流动的韵律等，如图 6-55 所示。

图 6-55 商业空间造型艺术的形式美

3. 商业空间的虚实造型手法

“实境”是景物整体直接可感的艺术形象，“虚境”是形象所代表的艺术情趣。空间的留白处可作虚境，空间中的虚境以其不确定性、朦胧性给人留下想象的空间。商业空间虚空间具有较大灵活性，可借用隔断、家具、绿植、水体等将空间分隔成多个既独立又有联系的小空间，丰富空间层次，如图 6-56 所示。

（二）商业空间的光影艺术

著名建筑师安藤忠雄说过：“在我的作品中，光永远是一种把空间戏剧化的重要元素。”光与影的艺术具有美学功能和心理效应，能增加空间环境迷人的魅力。在商业空间设计中巧妙利用自然光线，或借助现代先进的光影技术，充分运用光影的变化和对比实现空间艺术效果。

1. 利用光影表现空间的虚实变化

在光的照射下，界定出明区与暗区，突显空间的虚实变化，如图 6-57 所示。

图 6-56 商业空间利用隔断和家具打造虚实变化的艺术效果

图 6-57 利用光影表现空间的虚实变化

2. 利用光影表现不同材质的质感和肌理美感

在设计中应充分利用光表现装饰材料的质感及美感，突显或晶莹透亮，或金碧辉煌，或朦胧柔美，或嶙峋质朴的美感，如图 6-58 所示。

3. 利用光影加强色彩的表现力

色彩的运用让光影更有质感和真实感，光影则丰富了色彩的层次，加强了色彩的表现力。借助于光影效果和心理效应，色彩更能刺激人们的视觉神经，带给人们不同的心理感受：白光纯净，蓝光宁静，红光热烈，黄光高贵，紫光神秘，如图 6-59 所示。

图 6-58 利用光影表现不同材料的质感和美感

图 6-59 利用光影加强色彩的表现力

（三）商业空间的色彩艺术

色彩是以最低成本实现最大化艺术效果的手法，在商业空间有效运用色彩，能有效提高商业空间的艺术效果和商业价值，吸引顾客注意力，刺激顾客消费欲望，如图 6-60 所示。

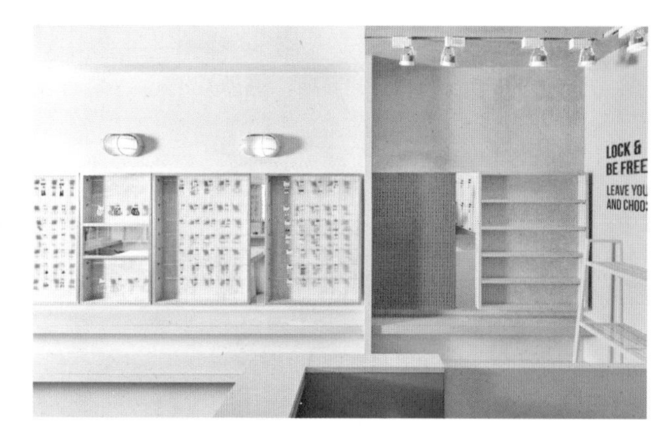

图 6-60 商业空间的色彩艺术

（四）商业空间的软装设计

商业空间的软装设计狭义上包括家具、灯具、陈设装饰品等，广义上则还包括灯光营造、色彩体系等。本章节仅指狭义上的商业空间软装设计。可以说商业空间的软装设计决定了商业空间的整体基调与风格。

1. 商业空间的家具设计

商业空间的家具不仅具有使用功能与审美功能，也是影响商业空间风格和艺术气氛的重要因素。

家具在商业空间中的设计有以下特点。

（1）实用性。商业空间陈设的家具为陈列商品，要符合商品陈列尺度要求，符合人体工程学，便于顾客使用，如图 6-61 所示。

图 6-61 服装店的家具陈设为顾客提供休憩、等候功能

（2）灵活性。利用家具对空间进行区域划分，是商业空间设计的主要手段之一，因此商业空间家具设计要满足划分不同空间的功能需求，使各部分空间的形状各有特点，分而不断，动线流畅。另外有的柜架为方便移动，还装有滑道，使商品陈列格局可灵活变化，如图 6-62 所示。

图 6-62　商业空间家具陈列灵活

（3）美观性。家具的形、色、质的设计具有美感，增添了商业空间的形式美感（图 6-63）。同时，家具的空间布置穿插错落、疏密有致，有曲直相间的韵律美感，起到丰富空间造型、协调空间体积感和重量感的作用。商业空间的家具应避免烦琐的图案装饰，设计应系列化、规格化，具有统一性。

2. 商业空间的灯具设计

灯具是灯光的载体，对商业空间的气氛塑造起到重要作用。同时，灯具本身具有形态造型和质感，本身就是艺术品，可看作发光的雕塑。灯具是使商业空间焕发生机的重要媒介，是塑造空间光影效果和情感体验的重要手段。商业空间灯具款式包括射灯、吊灯、吸顶灯、台灯、壁灯、线形灯带、霓虹灯等，使用的材料多种多样，有玻璃、不锈钢、黄铜、原木、竹、纸、皮等，如图 6-64 所示。

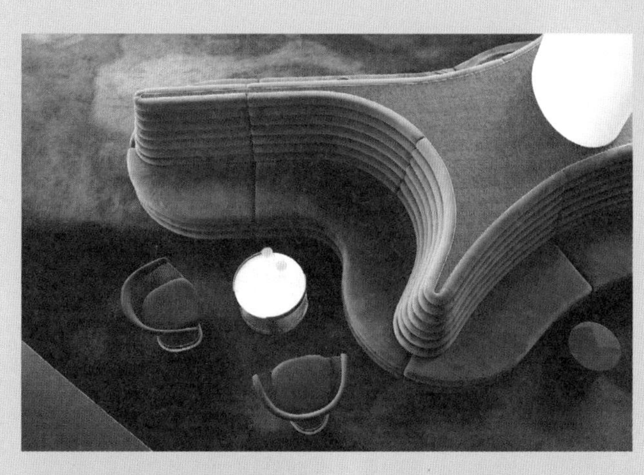

图 6-63 商业空间家具的形、色、质美感

图 6-64 商业空间的灯具设计

3. 商业空间的陈设装饰品

现代化的商业空间中往往直接将现代艺术中的绘画、雕塑等艺术品用于空间陈设和装饰，把具有前卫风格的雕塑或造型物运用于空间构架、家具陈设、橱窗布置与展示设计等，以突出商业空间的个性化设计风格，如图 6-65 所示。

商业空间的陈设装饰品可起到画龙点睛的作用，强化商业空间的设计风格，如图 6-66 所示。

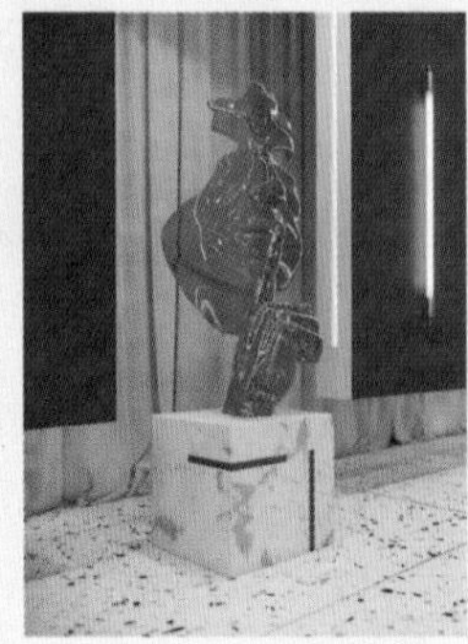

图 6-65 商业空间的艺术品陈设

图 6-66 商业空间的陈设装饰品

（五）商业空间的自然营造

商业空间的自然营造指通过绿植、水景设计，大自然元素和仿生元素、天然材质的运用等进行空间的自然氛围营造，以满足顾客视觉、听觉、嗅觉、触觉等的要求，提升消费体验。

1. 绿植设计

在商业空间室内外环境中，栽种绿植可起到的作用如下：

① 美化和软化空间；

② 降噪、吸尘、遮阳；

③ 利用具有地方特色的绿植打造商业空间；

④ 创造消费者喜爱亲近的自然环境。

商业空间的绿植设计如图 6-67 所示。

2. 水景设计

在营造愉悦体验的商业中心外环境时，融入水景元素能够大大增加环境与人的互动性，这是因为人有亲水性，人们喜爱聚集在水景周围进行活动。因水景维护费用较高，使用面积小而精的水景是很多商业空间的选择，这类水景设计同样能起到活跃气氛的作用，如图 6-68 所示。

图 6-67 商业空间的绿植设计

图 6-68 商业空间的水景设计增加环境与人的互动性

3. 大自然元素和仿生元素运用

在商业空间中采用大自然元素和仿生元素，可以为商业空间营造自然气息，增加环境亲和力。例如使用自然元素图案的壁纸、装饰品、影像，使用仿生树木造型设计的立柱等，如图 6-69 所示。

图 6-69 大自然元素和仿生元素的运用为商业空间营造自然气息

4. 天然材质运用

运用木、藤、陶、岩石、红砖等天然材质作为商业空间的装饰材料，能加强空间自然氛围，如图 6-70 所示。

图 6-70 天然材质的运用

三、学习任务小结

通过本次任务的学习，同学们初步了解了商业空间的塑造方法，通过分析不同的商业空间设计案例，提升了对商业空间设计的认知。课后，大家要多收集优秀的商业空间设计案例，提升商业空间设计创新能力。

四、课后作业

每位同学收集 10 个商业空间设计案例，分析其空间设计要点，并制作成 PPT 进行分享。

项目七

以传播为目的的商业空间设计

商业空间的外部设计

教学目标

（1）专业能力：了解商业空间的外部设计要素。

（2）社会能力：能收集不同形式的商业空间外部设计素材，并进行归类和分析。

（3）方法能力：具备艺术审美能力和建筑外形设计能力。

学习目标

（1）知识目标：掌握商业空间外部设计的方法和技巧。

（2）技能目标：能结合商业空间的定位和要求进行商业空间外部设计。

（3）素质目标：能够大胆、清晰地表述自己的商业空间外部设计方案，具备认真、严谨的专业素质和创新的设计能力。

教学建议

1. 教师活动

（1）理论讲解与案例分析相结合，通过展示与分析大量商业空间外部设计图片和视频，让学生直观地感受橱窗之美，提升学生鉴赏美学的能力和搭配技能。

（2）遵循以教师为主导、以学生为主体的原则，采用案例分析法、头脑风暴法等教学方式，调动学生积极参与学习商业空间外部设计的方法，提高学生的设计与创新能力。

2. 学生活动

（1）学生认真学习，了解不同类别的商业空间外部设计的方法和技巧。

（2）学生在教师的指导下进行商业空间外部设计实训。

一、学习问题导入

请欣赏图 7-1 和图 7-2 两张图片，这是成都的远洋太古里商业区。成都是全国十大古都和首批国家历史文化名城，古蜀文明发祥地。成都远洋太古里商业区是成都最为成功的商业地产，其建筑风格和样式别具一格，纵横交织的里弄、开阔的广场空间，呈现出不同的都市脉搏。同时，该商业区引进快里和慢里概念，树立国际大都会的潮流典范，让人于繁忙都市中享受慢生活的美好时光。

时尚大牌 Gucci 坐落在远洋太古里商业区最显眼的位置，有质感且通透的玻璃幕墙，在夜晚展露的那一面似乎更美。建筑运用了钢结构而非水泥，虽然用水泥节约成本，但钢结构更加轻盈、时尚，店铺的内部空间利用率更高，也可以有更多发挥的余地。

图 7-1 成都太古里商业区

图 7-2 成都太古里 Gucci 的店面设计效果

二、学习任务讲解

1. 商业空间外部设计要素

商店门面设计时需要考虑很多因素。商店的正面必须能够体现品牌精髓。招牌标识、投射标识、橱窗展示细节和经典图样是关键。橱窗里陈列的产品以及橱窗展示所传达的品牌信息也非常重要。另外，入口的位置以及如何进行操作管理等也需要考虑。

商店门面的设计方案受到具体的店面位置和相邻商店门面设计的影响。就购物中心而言，相邻的商业销售点和拱廊都必须考虑在内。此外，当商家租用一个商店单元的时候，商家和房东之间会签署一份租赁合同，说明这个商店单元或者建筑哪些可以更改，哪些不可以更改。 例如 September 咖啡厅 2 号店的设计，该项目位于越南胡志明市，以“秋天与落叶”为主题，讲述了“风与巢”的故事。原本是两栋相邻的房屋，通过与楼板脱开的墙面连接，创造了一个布满两栋房屋的、有许多凹陷和缝隙的鸟巢。利用建筑的高度和宽度，立面使用了许多环绕的钢制元素，在不同角度上重复了鸟巢的意境。悬挂在立面上的圆片会随风抖动，如同鸟儿落在枝头。

为了创造 September 令人熟悉的特有感觉，设计师使用柔和中性的颜色，如白色、米黄色、玫瑰金色和天然木色等。此外，圆形和弧线元素反复运用在入口的玻璃门洞、楼梯、墙面甚至家具细节中。风的意象主要由空间中的弧线表现，贯穿天花、墙面和地面，如同微风拂过各个角落，创造出一种轻盈的感觉，如图 7-3 所示。

（1）传统店面。

传统店面的设计往往注重对称感的设计，并尽量和现有建筑的立面相协调。绝大多数情况下，除非品牌设计特别说明，否则，将一个全新的传统店面嵌入特定场所的情况是很少见的。传统店面设计时所选择的字体、

外观造型、色彩、材料都要与店面的外观风格相一致，形成统一、协调的视觉效果。

（2）现代店面。

现代店面的外观干净、整洁、光亮、透明，玻璃窗往往从地板一直延伸到招牌板。有时候招牌被镶嵌在玻璃窗和磨砂不锈钢框架内，有时候环覆着内部元素的玻璃窗没有框架。标识由品牌决定，运用的是现代化的字体和展示方式，如图 7-4 所示。

图 7-3 September 咖啡厅 2 号店

图 7-4 ME & JOE 店面设计

（3）入口处。

入口处必须方便所有人进出，其宽度应不小于 1000mm。铰链门必须向内开，以免阻碍商店门前的街道或过道，并在夜晚为商店提供安全保障。铰链门的备选方案是滑动门，但需要配合卷帘门使用。

（4）内部和外部商店门面。

内部商店门面往往会设计在商店的前面一处“凸出区”，通常进深为 500 ~ 1000mm。这就意味着商店店面设计可以凸出至商场里一部分。这种策略被用来营造不同的商业单元间的视觉差异。例如 Arabica 上海建国西路店的设计，不同以往普通商业街道用封闭的幕墙把室内私人空间与室外公共空间完全分隔开的沉闷布局，其相对生动、开放的形态，让街道成为人与人发生交流的场所，形成有“厚度”的城市界面。它与周围的环境紧密契合，立面空间彻底开放，形成一个围绕 U 形玻璃盒子的小庭院。整体通透的玻璃和开放的设计将店铺完全融入街道环境之中，也将街道和城市的风景引入店内，梧桐树木、光影变幻、来往的人群，都成为店铺的一部分。该店以这样的方式与自然和城市街道对话，重新定义了室内外的边界，如图 7-5 所示。

图 7-5 Arabica 上海建国西路店

（5）商店橱窗。

橱窗是商店的门面，橱窗展示的目的是强化品牌价值和理念。在装饰材料选择、照明方式设定和色彩表达等方面，橱窗必须与空间氛围和产品特点保持一致。橱窗展示的尺寸以及产品的陈列方式必须与所展示的产品相匹配。例如大件物品需要宽敞的橱窗以便购物者远观，而小件物品则需要在与视线持平的高度展示，以便顾客轻松上前观看。

大多数橱窗展示都以一个将产品抬高到与窗玻璃高度相称的浅底座为中心，也为人体模型、价格说明和展示较小产品所另需的垫板留出了空间。有些商家把橱窗作为销售商品的重点，传统的珠宝店无疑是这种情况的典范。橱窗展示一直延伸至店里，占去了大部分的商业空间。如图 7-6 所示为和光百货（东京银座的中心地带）橱窗设计。

图 7-6 和光百货（东京银座的中心地带）橱窗设计

（6）店面标识。

店面标识主要包括招牌标识、投射标识、灯箱和橱窗贴花。在当下流行的餐饮文化中，拍照空间的重要性不言而喻。以客从何处来甜品餐厅的标识设计为例，其在空间设计过程中，从概念到节点各个环节都需要推敲“拍照否是好看”，如图 7-7 所示。

图 7-7 客从何处来甜品餐厅

2. 商业空间外部设计的表现手法

（1）品牌强化设计。

在商业空间中需要以品牌为中心，遵循品牌的设计理念，既突出产品的特点，又符合品牌的整体策划。在品牌专卖店中，品牌标志性装饰图案在店面设计、陈设装置等方面反复出现，不仅延伸了品牌文化，也强化了品牌形象，如图 7-8 和图 7-9 所示。

图 7-8 各品牌专卖店外部设计

图 7-9 华为旗舰店外部设计

（2）人性化设计。

人是空间的创造者、使用者和分享者，也是空间的主体。商业空间设计需要以人为本，从而实现信息的有效传达，以及更高需求的满足——对人的关怀和尊重。例如在某商业展示空间中，台阶附近安置软性材料、无障碍设计、免费食用的点心及设置饮水设备等，都体现了人性关怀，使商业空间有了人情味。消费者自然愿意接受其中的产品信息，这在无形中促进了消费。

深圳峯茶 PEAK TEA 店位于深圳市宝安区海雅缤纷城，巨大的商业体量和抽屉式的零售边界，形成了一种相对单一的寄生、对比关系，与甲方的第一次接触就聆听到：“希望突破以往复制店的模式，做一间实验性的饮品空间。”该场地的室内面积约 90m²，室外约 100m²，户外场地的实施有着极大难度。不过正是这些难度促进了整个故事的发生，激发了最终的想象，让设计师将目光锁定在内部与外部的整体性上，而非单一的空间设计。设计师希望实现一个内外可以互望偶遇的景观式空间，内部作为店铺功能的支撑点，外部作为城市的公共舞台，兼备景观性和部分展览功能，如图 7-10 所示。

图 7-10 深圳峯茶 PEAK TEA 店面设计

（3）互动设计。

随着互联网的飞速发展，人们有了更多获取信息的方式。线上展示具有更强烈的时效性，并省时省力。线下商业空间展示则有更强的体验性和互动性，参与者通过现实接触和交流，可以全方位、多维度、多感官地获取信息。人们喜欢亲身体验的重要原因是能获得公共活动的参与性和娱乐性。如图 7-11 所示为某商场互动设计体验区。

（4）沉浸式设计。

沉浸式设计是利用人的感官来营造某种让人参与其中的氛围的设计方式。例如长春这有山商业综合体设计，就体现出游园式的沉浸感。这有山商业综合体在设计时把属于传统街市的体验移植进来，使平面意义上的街市立体化，在提高容积率的同时保留了逛街体验。

图 7-11 某商场互动设计体验区

它是山丘，是小镇，也是度假山庄，兼顾文化功能。其隔绝喧嚣，却也身处繁华。它是主题文旅空间，用单一的动线串联空间内部的所有品牌，集吃、喝、玩、乐、住于一体。走进去的人们，会自然放慢脚步，穿过大厅，拾级而上，左手边有人在吹糖人，右手边有人在画画，奶茶店的小哥哥笑得比黑糖奶茶还要甜，咖啡馆玻璃橱窗映出小姑娘捧着书好看的侧脸。孩子的脚踩在山坡上，摘一片叶子、看一朵花，林间嬉戏。家人相聚要在一个没有压力的环境里，才能认认真真听身边的人说话，继而打开心扉，身边人不再是急匆匆的，而是一个个眉眼清晰、皮肤温热的人。长春这有山商业综合体设计如图 7-12 所示。

沉浸式体验还可以通过科技手段模糊物理世界与数字、模拟世界之间的界限，从而营造出沉浸其中的体验过程。从虚拟现实游戏到数字艺术展览，时下的消费体验已经越来越趋于沉浸式设计。沉浸是一种空间边界模糊，时间感消失，个体限制似乎被消解的多感官、高强度的综合体验。

随着商业竞争日益激烈，商业空间展示设计由最初简单的陈列设计逐渐步入强调信息科技传达与空间艺术造型联合营造的阶段。多维度的商业空间展示设计不仅可以更加准确地向参观者传递信息，还能主动影响参观者的心理感受。通过多媒体交互技术，观众可以更加主动、自由地游历于虚拟商业展示世界，并且根据自身需求及时、准确地获得相关信息。

在华盛顿中心泰瑞广场内，有一个由 ESI 设计公司制作的面积约 158m² 的活动感应视频播放装置。这个装置会随着过往行人的移动而变化。三块显示屏在“季节”、“色彩游戏”和“城市风光”三个主题之间来回切换，呈现一系列不同的画面。当屏幕处于“季节”模式时，显示屏播放了华盛顿区标志性的樱桃树四季生命周期。春天的时候，当人们从屏幕面前走过时，樱桃树便开花了，随着行人远去，花朵慢慢凋谢。当人们在大堂驻足时，蝴蝶会在屏幕上翩翩起舞。当屏幕处于“色彩游戏”模式时，彩色线条遍布整个屏幕，像一条交互式编织挂毯，并且与泰瑞广场上各式各样的活动相呼应。当屏幕处于“城市风光”模式时，屏幕画面向城市致敬，当行人路过时，屏幕上不断浮现城市标志性建筑、雕像和交通场景的画面，如图 7-13 所示。

图 7-12 长春这有山商业综合体设计

图 7-13 华盛顿中心泰瑞广场活动感应视频播放装置

伦敦的 Pace Gallery 是一个沉浸式互动装置，其创作来源于两个灵感，即水粒子的宇宙和绽放飘零的花。水粒子的宇宙代表流动的虚拟瀑布，让人仿佛置身于气势宏伟的峡谷；绽放飘零的花以运动的方式与参观者互动，让人仿佛置身于微风拂面的花海。水和花的元素给人灵动又真实、沉浸又沉醉的体验，如图 7-14 所示。

图 7-14 伦敦的 Pace Gallery 互动装置

三、学习任务小结

通过本次任务的学习，同学们对商业空间的外部设计要素，从店面设计、入口处设计、橱窗设计，再到整体的品牌设计，都有了初步的认识。商业空间外部设计表达方法可结合课后展开的商业空间调研加深认识。同时，同学们应多考察日常生活中的商业空间外部设计案例，提升自己的实操能力和审美素养。

四、课后作业

调研周边的大型商业空间，将其外部设计、入口设计、橱窗设计、内部造型设计等资料拍照保存，并制作成 PPT 进行分享。

橱窗设计

教学目标

（1）专业能力：了解橱窗设计的要素，能够针对不同种类的橱窗进行高效设计。

（2）社会能力：能收集不同风格的橱窗设计图片，并进行归纳和分析。

（3）方法能力：具备设计创意能力、设计审美能力。

学习目标

（1）知识目标：了解橱窗设计构成形式和展示方式，掌握橱窗展示技巧和形式美法则。

（2）技能目标：能根据商业空间设计的要求进行橱窗设计创作。

（3）素质目标：能够大胆、清晰地表述自己的橱窗设计方案，具备认真、严谨的专业素质和设计能力。

教学建议

1. 教师活动

理论讲解与案例分析相结合，通过展示与分析大量橱窗设计图片和视频，让学生直观地感受橱窗之美，提升学生鉴赏美学的能力和搭配技能。

2. 学生活动

了解不同类别的橱窗设计的美学特征，分析橱窗设计的实用性与美观性。

一、学习问题的导入

请欣赏如图 7-15 所示的橱窗设计案例，一个看似狭小的橱窗空间，因艺术家无穷的想象力，而无限扩大。上海爱马仕之家打造“开机关”主题的春季橱窗，从 3D 效果到实体雕塑，以打破常规的艺术形式传递出该品牌 2020 的主题“匠 · 新”，带观众进入一场关于宇宙及其宏观、微观尺度的探索之旅。橱窗之中，艺术家运用球体、极简线条和绮丽色彩构建了一组行星与原子的物象，象征着技术与革新的机械齿轮勾勒出无形的创新驱动。

图 7-15 上海爱马仕之家打造“开机关”主题的春季橱窗

二、学习任务讲解

1. 橱窗设计的要素

在商业空间展示设计中，橱窗是传达给消费者商品信息的第一媒介。橱窗的功能主要是展示商品、促进销售。设计者要充分发挥橱窗的展示功能，除了对橱窗的基本构造形式进行深入了解外，还要学会运用形式美法则，将橱窗艺术化、趣味化，吸引更多消费者，获得良好的商业效益。

（1）橱窗的形式。

①按装修形式分类。

按装修形式分类，橱窗可划分为封闭式橱窗、半封闭式橱窗、开敞式橱窗。

a. 封闭式橱窗。

封闭式橱窗强调与店内购物空间的隔离，背景和两侧一般多使用不透明材质，临街一面

常以透明玻璃饰面。橱窗内有独立的天花、地面和背景板，侧面为工作人员布置橱窗和更换展品的出入口。此类橱窗封闭感强，便于布置内部空间，有利于消费者在不受其他空间干扰的情况下接受橱窗内集中陈列商品所传递的有效信息，如图 7-16 所示。

图 7-16 封闭式橱窗设计

b. 半封闭式橱窗。

半封闭式橱窗是指橱窗的背景板与店内空间用半通透形式分隔，并根据室内空间陈设需要，采用半透明材质、镂空或只做局部背景墙遮挡的橱窗展示形式。其空间分割的方式很多，有横向也有纵向，店面内外有阻隔，但又不完全阻挡，以求获得舒适的整体视觉效果，如图 7-17 所示。

图 7-17 半封闭式橱窗设计

c. 开敞式橱窗。

开敞式橱窗没有背景的阻隔，四面呈全通透式，能将橱窗和店内空间有效地融为整体，消费者可以透过橱窗观察到店内的情况。这种形式的橱窗在展示面积较小的店面中较为常见。如果通透效果好，则可将整个内部销售店面作为大型动态橱窗展示。设计时要注意从外到内的视觉效果，橱窗商品的陈列需充分考虑店内空间的设计风格和陈设样式，注重橱窗与店面内部色彩、结构及展品的统一。封闭式橱窗设计如图 7-18 所示。

图 7-18 封闭式橱窗设计

②按样式分类。

按样式分类，橱窗可分为转角式橱窗、拱廊式橱窗和框格式橱窗。

a. 转角式橱窗。

这类橱窗在大型商业街区较为常见，橱窗与店面入口往往形成一定的角度，覆盖店面的一个角落。布置此类橱窗要注意让系列商品与玻璃窗平行摆放，巧妙地吸引消费者从橱窗的一端走向另一端，直至走向店面的入口。转角式橱窗设计如图 7-19 所示。

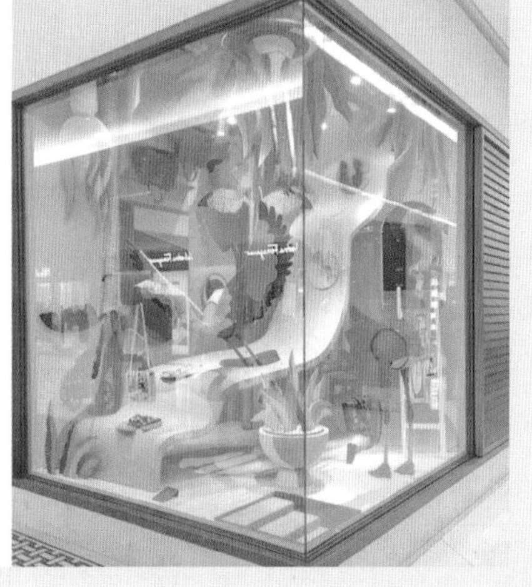

图 7-19 转角式橱窗设计

b. 拱廊式橱窗。

拱廊式橱窗往往置于店面入口的前方，橱窗往前延展。在布置时要注意一部分商品既面向正面，也面向侧面，便于消费者多角度了解商品。

c. 框格式橱窗。

框格式橱窗是利用小框格的微型橱窗来吸引消费者的注意的橱窗展示形式。这类橱窗需注意展示高度与消费者的视平线保持一致，以便消费者仔细观察商品。这类橱窗在一些小型商品售卖店铺中较为常见，如图 7-20 所示。

图 7-20 框格式橱窗设计

（2）橱窗的展示方式。

橱窗的视觉化信息传达手段多种多样，有的用情景表现来增加临场感，有的用真人表演或互动示范来增加亲切感，使消费者能够迅速解读并接受其所传达的信息。因此，简洁、明了、准确地表达商品信息是橱窗展示的目的。橱窗展示方式具体分类如下。

① 综合式橱窗展示。

综合式橱窗展示是将店内经营的种类或型号不同的商品集中陈列。此类橱窗布置由于商品种类多，且具有一定的差异性，在设计时应以某种主题贯穿其中或者按不同组别分类陈列，对陈列的重点商品进行强调处理，使综合陈列取得丰富、有序的效果，如图 7-21 所示。

图 7-21 综合式橱窗设计

②特定式橱窗展示。

特定式橱窗陈列是宣传新产品、优质产品和名牌产品行之有效的方法。一般在新产品上市之前，消费者对商品尚未彻底了解，特定式橱窗陈列可运用不同艺术形式和处理方法，重点渲染衬托、集中表现某品牌的某一种产品或某一型号产品，把商品的性能、特点、内在结构、使用方法等充分地展示出来，集中传达给顾客，能帮助客户更好地认识商品的诸多特征。特定式橱窗设计如图 7-22 所示。

图 7-22 特定式橱窗设计

③主题式橱窗展示。

主题式橱窗就是为类别相同或不同的商品概括一个诉求，以某一主题为纲，贯穿商业橱窗展示的整体面貌并呈现给消费者，使消费者对商品有一个完整并全面的视觉印象。常见的商业橱窗展示主题有以下几种。

a. 以季节为主题。

根据季节变化把应季商品进行集中陈列，如冬末春初时羊毛衫、风衣的展示，春末夏初时夏装、凉鞋、草帽的展示，这种手法满足了顾客应季购物的心理特点，一般多使用季节属性较为明显的道具来烘托气氛，如图 7-23 和图 7-24 所示。

图 7-23 以季节为主题的橱窗设计 1

图 7-24 以季节为主题的橱窗设计 2

b. 以节日为主题。

以节日为主题的橱窗设计即根据节日氛围来营造橱窗展示效果，让人们深入了解节日的内涵，并将所销售的商品与节日进行有效的融合设计。橱窗在节日期间常结合商品的特点和不同地域的节日文化进行设计，如图 7-25 所示。

c. 以折扣为主题。

促销活动是所有商品销售的终端环节，此类商品的橱窗展示，既不能丢掉该商品应有的品牌价值，又要向消费者有效传递促销信息，同时不失艺术氛围。

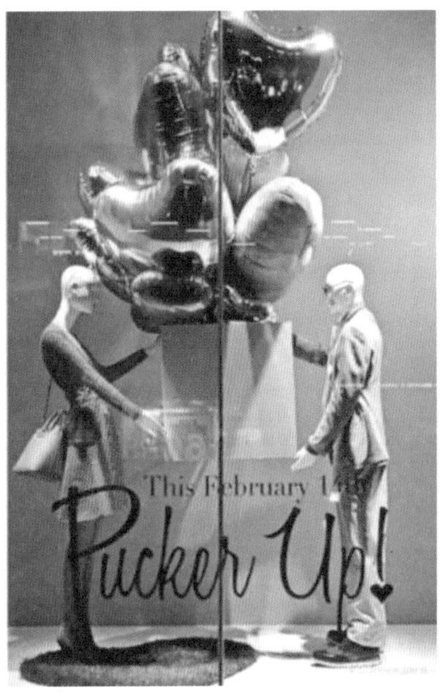

图 7-25 以节日为主题的橱窗设计

（3）动态橱窗展示。

新媒体技术的发展和普及为越来越多的橱窗展示提供了更加新颖、更具冲击力的展示手段。另外，观众的好奇心理以及审美品位的不断提升对展示手法也有了更高的要求，使得橱窗的动态展示形式应用更加广泛。

①机械动态展示。

运用旋转台、旋转升降机、电动模型等机械进行商品动态展示，多角度呈现商品细节，同时增加展示的生动性。动物或人物的电动机器模型可根据展示商品的需要调整运作形式，让消费者透过此类橱窗展示进一步了解商品细节，强化视觉体验。

②互动方式展示。

互动式橱窗也称电子橱窗或魔幻橱窗。除运用我们所熟知的电动马达、激光投影仪和动感灯光外，传感器、射频半导体及其他模拟和混合信号集成电路等新技术在橱窗设计中的运用也越来越多。

商业橱窗展示需根据具体产品特性进行橱窗展示形式的选择，无论采用何种方式，都是为了引起消费者注意，进而达到传播主题、宣传理念、共享信息、刺激消费的目的。互动式橱窗设计如图 7-26 所示。

（4）橱窗设计的形式法则。

①对称与均衡。

对称是指点、线、面等设计要素在上下或左右相对应而形成的图形，具有一定的规律性，可以是奇数或偶数的关系。均衡是指点、线、面等设计要素在上下或左右不完全对应而形成的图形，虽形象不完全相同，但在质和量上有近似感，消费者能产生心理相同的感受。

图 7-26 互动式橱窗设计

商业橱窗展示中对称手法的运用往往给人以有秩序、庄重、稳定的感觉，常运用均衡的手法将质与量在视觉上保持平衡，力求局部变化，重心不变。陈列物品常离重心较远，打破完全对称的均衡运用，给人一种不规则感和灵活性。对称与均衡橱窗设计如图 7-27 所示。

②重复与渐变。

重复是指相同商品或相同颜色、形象、位置的商品进行反复连续排列而形成的有秩序的统一性特征。渐变是指呈递增或递减状态的形式美法则。

图 7-27 对称与均衡橱窗设计

在商业空间橱窗展示中，不断对某种商品重复排列展示，会引起消费者注意，但过分统一布置会给消费者带来乏味感，可运用渐变的形式美法则，将商品按形体大小、颜色冷暖、数量多寡进行渐变处理，以呈现柔和的视觉特征，增加橱窗展示的趣味性。重复与渐变橱窗设计如图 7-28 所示。

图 7-28 重复与渐变橱窗设计

③节奏与韵律。

节奏手法运用在橱窗展示中可将商品进行交错布置，产生高低或大小的变化。韵律的本质是以节奏为基础的重复，但又将不同的节奏进行有秩序的变化。韵律感的营造需要对秩序进行良好的把握。

节奏与韵律运用在商业橱窗展示中表现为将有规律变化的不同体量、不同材质的商品，或将不同明度、纯度或色相的商品进行秩序对比，给消费者带来重复连续、秩序灵活的心理感受。韵律的形式有很多，如连续的韵律、渐变的韵律、起伏的韵律、交错的韵律等。节奏与韵律橱窗设计如图 7-29 所示。

图 7-29 节奏与韵律橱窗设计

④调和与对比。

橱窗设计中的调和可以是展示橱窗主调的协调，也可以是商品形象特征的调和，或是商品色彩纯度、色相、明度的调和。而对比是将展示要素的不同点进行放大比较，给观者带来极强的视觉冲击力。

合理运用对比手法，可打破调和带来的呆滞感，使空间更加生动、灵活。在橱窗设计时可将展示商品的材质、色彩、空间体量进行对比，也可将商品陈列进行虚实、疏密、方向的对比等。调和与对比橱窗设计如图 7-30 所示。

图 7-30 调和与对比橱窗设计

⑤比例与尺度。

比例一般指数量上的对比关系，主要处理部分与部分或部分与整体的关系。在橱窗展示设计中，比例问题涉及各个方面，如陈列商品的长度、体积、面积等属性，以及位置、造型、结构和色彩等。常用的比例处理手法是黄金分割、等比数列、等差数列等。现代商业空间设计往往追求特异，大胆创新，将陈列商品进行对角线分割，且对角之间互相平行或互成直角，陈列布置的形状之间也具有数的比例关系。尺度一般指尺寸与度量的关系，一个物体只有在有了尺寸以后，其尺度感才会被感知。商业空间橱窗往往以人体的尺度为基准，结合人体尺度进行设计。比例与尺度橱窗设计如图 7-31 所示。

图 7-31 比例与尺度橱窗设计

综上所述，在商业空间橱窗展示的形式美法则运用中，选择单一设计手法往往会使空间过于单调。因此，在具体设计时，通常会综合运用多种形式美法则，灵活协调各设计要素之间的关系，达到既满足功能要求又符合美学法则的设计效果。

2. 橱窗设计的原则

当代商业空间橱窗展示作为最具实效的商品展示，能够为商品销售和商家形象带来巨大价值。其借助消费者的色彩识别、喜好规律，营造出提醒式购物模式，唤起消费者的购物欲望，在设计中应注意以下原则。

（1）内容性。

橱窗设计的内容应具有主题，不同主题形式决定了设计的表现技法。在橱窗内容设计中，应以准确的设计定位、典型的艺术设计形式实现人们视觉与心理上对美的诉求。

（2）艺术性。

随着消费者审美品位的提高，橱窗设计不仅要注重内容性，而且要注重橱窗展示的艺术美感。橱窗设计可利用橱窗的不同展示方式，将展示道具、灯光、色彩等艺术处理方式融入设计主题，渲染橱窗展示的艺术效果。艺术性橱窗设计如图 7-32 所示。

图 7-32 艺术性橱窗设计

三、学习任务小结

通过本次任务的学习，同学们已经初步了解了橱窗展示的特点，对不同橱窗种类、展示方式和橱窗的形式美规律有了一定的认识。同学们课后还要结合课堂学习的知识，对身边商业圈的橱窗设计进行分类，加强学习，同时，要结合设计案例对橱窗设计中综合运用的造型、材料、色彩等设计要素进行总结概括，提升自己的实操能力和审美素养。

四、课后作业

（1）实地调研已建成的商业展示空间，结合本任务所学的内容，从灯光、材料、色彩、配饰等方面对橱窗设计进行分析，并分组讨论其中可借鉴、学习的地方。

（2）以小米电器专卖店为例，结合品牌文化与产品特点进行橱窗和店面设计。

商业空间设计案例

参考文献

[1] 贡布里希 . 艺术发展史 [M]. 范景中，译天津：天津人民美术出版社，1991.

[2] 王受之 . 世界现代设计史 [M]. 北京：中国青年出版社，1995.

[3] 王晖 . 商业空间设计 [M]. 上海：上海人民美术出版社，2022.

[4] 张炜、张玉明 . 商业空间设计 [M]. 北京：化学工业出版社，2017.

[5] 董辅川 . 商业空间设计手册 [M]. 北京：清华大学出版社，2020.

[6] 卫东风 . 商业空间设计 [M]. 上海：上海人民美术出版社，2016.

[7] 周长亮 . 商业空间设计 [M]. 北京：中国电力出版社，2014.